企鹅和北极熊

前往北极和南极的超酷旅行

文 / [美] 艾丽西亚 · 克莱佩斯

图 / [英] 格雷丝 · 赫尔默

译 / 于德伟

造访世界的尽头

你知道吗？自然状态下，企鹅和北极熊永远都不会相遇。因为企鹅生活在我们这个星球的南极地区，而北极熊只在北极地区出没。在本书中，我们将一路追踪企鹅和北极熊的足迹，跟随它们一起南下或是北上。

北极熊的掌印

北极地区位于世界最北端，包括北极点和北冰洋的绝大部分水域，还有亚洲、欧洲和北美洲大陆的北部沿岸等。北极地区几乎完全被水覆盖，其中大部分水域结着坚冰，冰山、冰川、海冰随处可见。

企鹅的脚印

南极地区位于世界最南端，包括南极点和南极洲。南极地区最具标志性的事物也许就是南极冰盖了。毕竟，南极冰盖可是地球上体积最大的冰块！

目　录

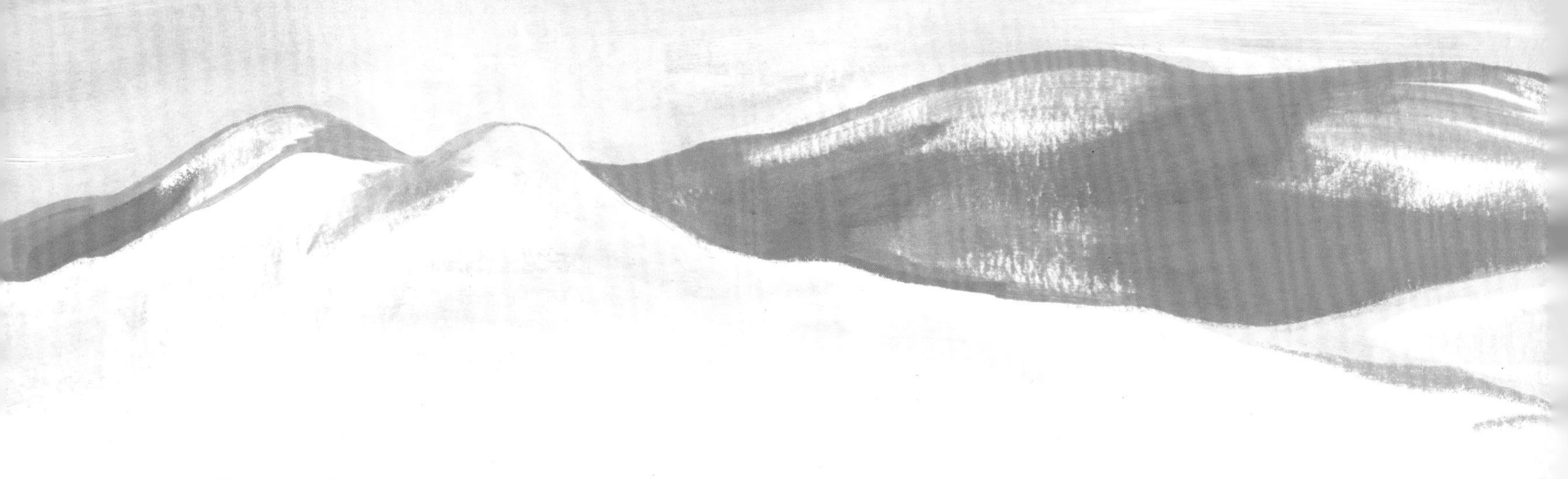

闭上眼睛……

想象一下，你将要前往地球的尽头，那里的天气冷得让人无法忍受。呼呼的大风吹得你脸颊生疼，寒冷的空气冻得你眼泪汪汪。冰雪覆盖着大地，天地间白茫茫一片，令人头晕目眩。

去过北极和南极的，也许只有那些最勇敢的探险家们。由于他们的勇敢行为，我们才得以了解极地的动物、植物和水域。但是还有太多东西等待着人们去探索，让我们也去探险吧！在对令人神往的北极和南极世界有了更多了解之后，你就会知道，只有准备好合适的装备，带上充足的营养丰富的食物，才能在极地保持身体健康，不会挨饿受冻。

准备好去探险了吗？可一定要穿上最保暖的衣服，带上几块巧克力或一些干果。再带上相机，也许还需要准备一副护目镜。要做好心理准备，你即将开始一段激动人心的冒险旅程，前往一个风景壮丽而又充满神秘色彩的世界。去过北极和南极之后，你会学到许多以前闻所未闻的知识！

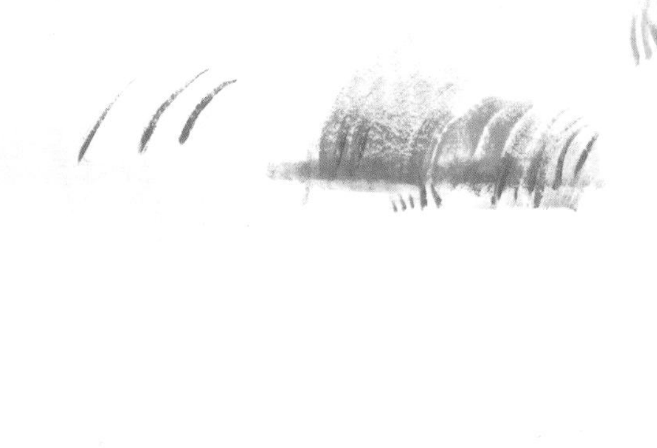

极地探险必备物品清单

去北极或南极地区探险，不仅需要勇气，还需要各种能应对极端环境的装备。

极地探险者不可能把所有的补给都背在身上。他们通常会拉着雪橇，把食物和装备都放在上面。现代的高科技雪橇可以在崎岖不平的地面及冰雪上滑行。许多雪橇还是水陆两用的，也就是说，涉水的时候也能使用。雪橇上什么都可以放——从巧克力到绳子，再到探险日志！

对于探险者来说，要想极地探险一切顺利，首先必须学会如何保暖。过去，人们经常穿着动物皮毛做的衣物。但现在情况不同了，衣物采用了新材料，质地轻盈，穿着舒适，还能够抵御风霜严寒。**结实的靴子、连指手套**和**帽子**都是必备的。**雪鞋**和滑雪板也应该准备好，它们能够帮你更轻松、更快地穿越雪地。阳光照射在极地的冰雪上，会反射出刺眼的光芒。极亮的光线对人的眼睛有害，甚至会导致暂时性失明。探险者戴上**雪地护目镜**既可以保护眼睛，又能让面部保暖。

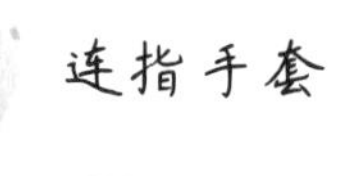

雪鞋

尽管南极异常寒冷，但探险者仍然需要涂上防晒霜，因为南极的紫外线辐射强度不亚于澳大利亚那些阳光充足的海滩。

每天在极寒之地拉着雪橇或是滑雪前行，探险者会额外消耗大量的热量。极地探险过程中，最受欢迎的食物有**燕麦片**、**蛋白棒**、**坚果**、**水果干**和**巧克力**。今天的探险者们随身携带的食物大部分都是冷冻干燥保存的，既轻便易携，又能让人产生饱腹感。可以先用**炉子**融化雪水，再给冷冻干燥的食物加水加热，这样就能吃上热乎乎的、令人心满意足的一餐了。

与严寒战斗！

尽管北极和南极都是极寒之地，但相比较而言，南极比北极更加寒冷。

迄今为止，地球上有记录的最低气温就在南极洲。东方站是南极大陆最偏远的科考站之一。1983年，东方站记录到南极气温为零下89.2℃！你能想象得到吗？极地每年基本上只有两个季节：冬季和夏季。哪个季节都不暖和，因为即使在夏天，太阳也不会高出地平线很多，所以也就谈不上温暖。

一个有趣的现象是，整个南极地区和北极的一部分地区都被称作荒漠地带。当然，这里说的不是那种气候炎热、阳光充足的沙漠。这些地区之所以被认为是荒漠，是因为几乎没有降水。实际上，南极洲一些内陆地区的年降水量只有50毫米左右（其中大部分是降雪），比撒哈拉沙漠的许多地区还少！这就使得南极洲成为地球上最干燥的大陆。

北极夏季的平均气温为0℃，冬季的平均气温为零下40℃。

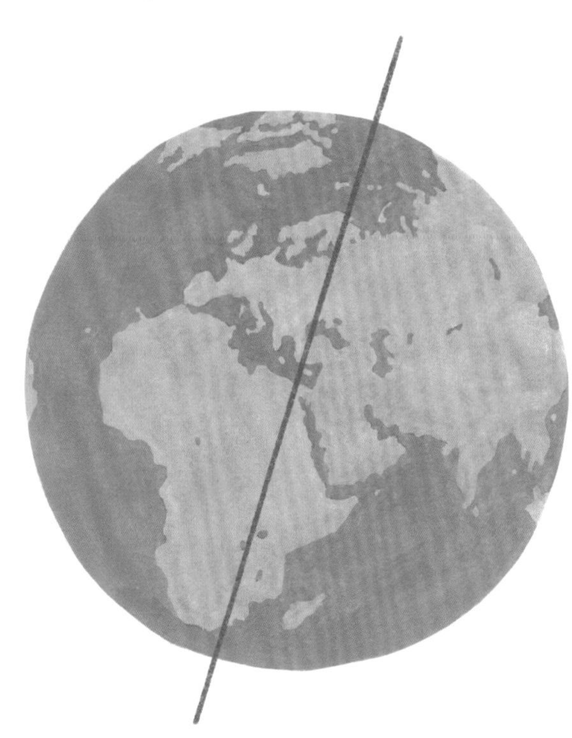

南极则要冷得多，夏季的平均气温为零下28℃，冬季的平均气温为零下60℃。

南极洲也是地球上风力最强的大陆，最大风速可以达到每小时320公里，差不多是12级台风风速的3倍！

北极地区的因纽特儿童喜欢玩捉迷藏和“抓人”的游戏。

北极的气温并不像南极那么低，人们可以在北极的许多地区生活。很多人以为，由于气候寒冷，在北极上学的孩子课间休息时也只能待在教室里。但事实并非如此哦！在北极许多地区的学校里，除非气温达到零下50℃，否则课间休息时学校会要求学生到户外活动。当然，这些学生最好不要忘了戴帽子和手套！

努纳武特地区位于加拿大北部，是世界上最偏远的地区之一。那里的孩子常年打冰球，甚至极夜期间都有比赛。

在极地的冬天，如果你向空中泼一杯热茶，茶水会瞬间凝固，变成微小的冰晶！

南极冰盖

地球上90%的冰都存在于南极冰盖之中！南极冰盖海拔高，空气干燥，厚厚的冰雪反射着阳光，散发出耀眼的光芒。

南极洲由两部分组成：**东南极洲**和**西南极洲**。南极一片冰天雪地，冰层形态多种多样。由于冰层不断地融化和冻结，南极洲的实际面积也一直在变动。

如果南极冰盖融化，全球海平面将上升超过60米。

西南极洲面积较小，岩石（火山岩和沉积岩）只有将近5亿年的历史，比较年轻——当然，这只是相比较而言的。

埃里伯斯火山是地球最南端的火山，位于南极洲西部海岸外的罗斯岛。埃里伯斯是一座活火山，有时会抛出“岩石炸弹”，山顶上还有一个熔岩湖。火山附近有许多**喷气孔**，像火山一样释放出气体和蒸汽，看上去就像一座座热气腾腾的冰塔。

喷气孔

南极洲是地球上海拔最高的大陆，平均海拔约为 2350 米。

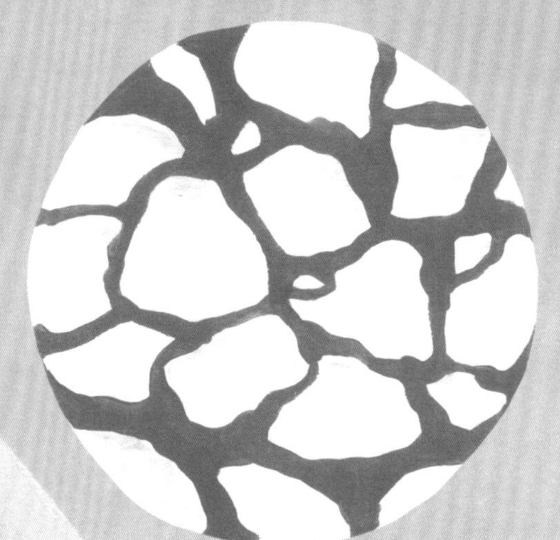

冬天，南极大陆周围的地表水结成3米厚的巨大冰层。到了夏天，厚厚的冰层又会分解成**浮冰群**，慢慢漂到海洋里融化。

东南极洲的面积比西南极洲大，和美国的面积差不多。东南极洲有些地方的岩石已经有 30 亿年的历史了。

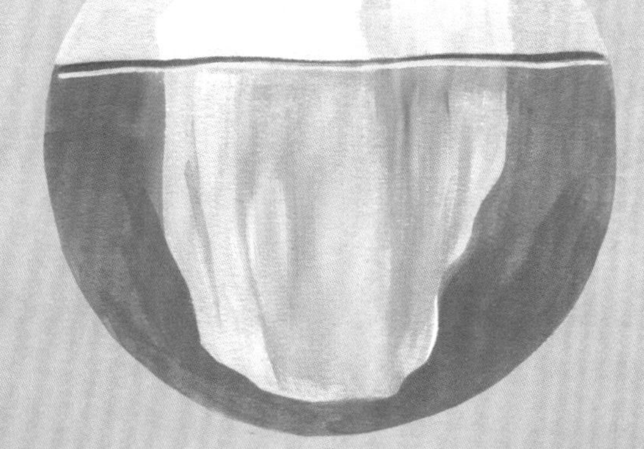

浮冰群也能变成**冰山**或**浮冰**。

埃里伯斯火山

到了冬天，当南极周围的海域结冰后，就几乎没有办法进入南极了。

有一股强劲的洋流环绕着南极洲，它将冰冷的水域与温暖的海洋分隔开来。

两块巨大的**冰盖**覆盖了南极大陆97%以上的面积。数百万年来，随着积雪的堆积，冰盖逐渐形成。这些冰盖的平均厚度达到2160米，比世界上最高的几座摩天大楼还要高很多，如阿联酋的哈利法塔、马来西亚的默迪卡118大厦和中国的上海中心大厦。

北极群岛

北极的地理环境比较特殊，虽然大部分地区都被水体覆盖，但地貌景观仍然千差万别。

北极点位于**北冰洋**的中心地带。在全年大部分时间里，北极的大部分地区都被冰层覆盖。北冰洋周边是一些岛屿和大陆，大部分都是冰天雪地，气温极低。在这里，你能够看到不同类型的水体，譬如湖泊、冰架和冰川。北极的冰山和冰川约占地球淡水总量的20%。北极地区岛屿遍布，我们一起去看一看吧！

西伯利亚
北冰洋
北极点
埃尔斯米尔岛
伊卢利萨特
罗弗敦群岛
卡斯卡萨帕克特山和塔尔法拉湖
松恩峡湾

卡斯卡萨帕克特山位于瑞典北部，是北极众多的山峰之一，海拔2043米。冰川沿着卡斯卡萨帕克特山的山坡流进**塔尔法拉湖**。塔尔法拉湖属于冰川湖，湖水呈绿松石色。这种绿松石色是怎么形成的呢？原来，冰川在流经山谷时，会像推土机一样碾压山谷底部的岩石，形成细腻的岩石粉末，这些粉末会沉积在像塔尔法拉湖这样的湖泊中。当阳光照射到湖面上时，湖水就会呈现出一片蓝绿色。

挪威以峡湾闻名，总共有1000多个峡湾。这些狭长的海湾都是由冰川运动造成的。**松恩峡湾**是世界上最长、最深的峡湾，深达1308米！

罗弗敦群岛位于北极圈以北，地处挪威西北海岸。尽管这里多有海冰，海水冰冷刺骨，但世界各地的人们还是喜欢来这里冲浪。

加拿大北部的**埃尔斯米尔岛**有多个冰架，这些冰架沿着海岸线与埃尔斯米尔岛相连。

北极大部分地区的地表下面都是永久冻土，冻土层厚度可达1000米。但随着全球气候变暖，这里的一些永久冻土也开始融化。这可能导致山体滑坡或地面塌陷，形成类似图中西伯利亚**巴塔盖卡坑**这样的巨坑。

北极有着世界上最大的岛屿——格陵兰岛。尽管格陵兰岛的名字“Greenland”本身有“绿色”的意思，但是岛上的冰川远比绿地要多。岛屿的西海岸是**伊卢利萨特**小镇，它被誉为“世界冰山之都”，因为其附近的冰川形成了数千座冰山。人们可以在镇上乘船或徒步观光，也可以乘飞机在空中游览。伊卢利萨特人口只有4500多，而雪橇犬就有3500只，都快赶上小镇的人口了！

消融的海冰

全球变暖导致极地的海冰急剧变化，近几十年来，海冰一直在快速融化。

上图显示的是1985年11月北极海冰的覆盖范围。颜色越白，表示冰层越厚。

下图显示的是2018年11月北极海冰的覆盖范围——多么触目惊心的差异！

海冰覆盖面积减少，会给人类和动物都带来一定的问题。海冰融化会加快海岸侵蚀的速度，人们在冰上狩猎和行动也会变得更加困难和危险。

海冰融化也给**北极熊**带来了许多困扰，因为北极熊需要依靠海冰来寻找配偶和捕猎。在某些区域，它们还需要借助海冰来筑巢产仔。

冬季，北极和南极地区会形成海冰，漂浮在海面上。到了夏季，大部分海冰都会融化掉。不过，总有一些海冰会常年存在于某些区域。事实上，在一年中的某些时段，全世界约有15%的海洋被海冰覆盖。

海冰影响着**全球气候**。为什么这样说呢？原来，海冰白色的表面要比海水更能反射阳光。随着海冰的融化，就会有更大面积的深色海水暴露在阳光下。深色的海水会吸收更多的阳光，从而使气温升高，甚至导致更多的海冰开始融化。随着时间的推移，这一恶性循环就造成了全球气候的变化。

我们的生态系统都是紧密联系在一起的，而气候变化正在对许多南极物种产生影响。譬如**阿德利企鹅**的数量正在日益减少。你肯定会问：这和海冰融化有什么关系呢？

人们认为，全球变暖也影响到了南极的冰盖，导致冰盖破裂，产生了新的冰山。

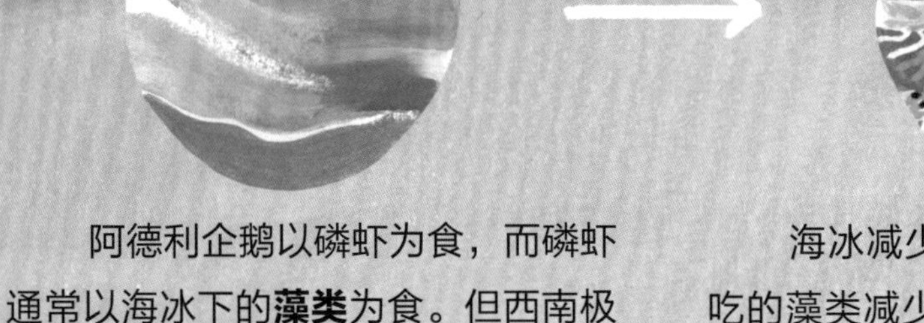

阿德利企鹅以磷虾为食，而磷虾通常以海冰下的**藻类**为食。但西南极洲半岛的海冰已经大量融化了。

海冰减少就意味着**磷虾**可以吃的藻类减少，从而导致磷虾的数量减少。

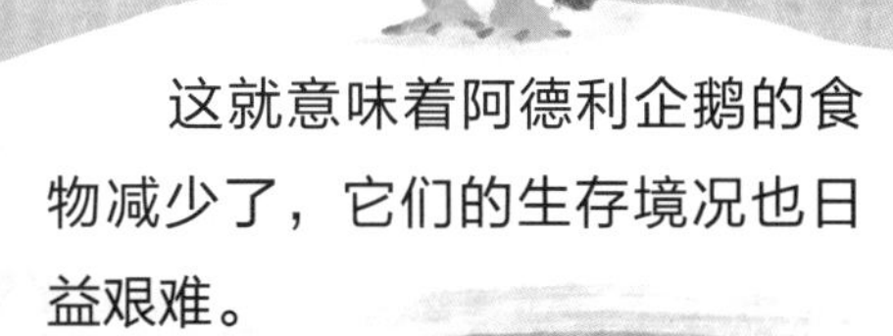

这就意味着阿德利企鹅的食物减少了，它们的生存境况也日益艰难。

漫漫黑夜

每年，北极和南极都会有一段时间全天都是白天——极昼，也会有一段时间全天都是黑夜——极夜。

每年6月份的时候，北极正值夏季，而南极正值冬季。

6月21日

极地之所以会出现极昼和极夜，是因为地球自转时，地轴是倾斜的。越接近极点，极昼和极夜的时间就越长。

此时，南极正值**极夜**。在此期间，南半球因倾斜而偏离太阳。南极洲布伦特冰架上的哈雷六号科考站，全年有105天是全天黑暗的极夜。即使在上午11点，天也是黑茫茫的。

在南半球的**冬至日**（6月21日），许多南极科考站的工作人员都会举行盛大的庆祝活动。通常，人们会交换礼物并举行特别的宴会。有些人会在床上吃早餐，有些人甚至会在冰上凿一个洞，然后一个猛子扎入水中，而且往往是赤身裸体的，尽管这时的水温通常只有零下2℃！

南极

挪威的**特罗姆瑟**位于北极圈以北300公里的地方。在特罗姆瑟，极昼从5月份持续到7月份。在北极点，极昼持续的时间还会更长。

由于地球围绕**太阳**公转，所以在全年的不同时间段，北极和南极的光照量也会有所不同。

在北极的**极昼**，人们可以一整天划独木舟或骑自行车。哪怕到了晚上11点，天都还是亮着的。每年的这个时候，北半球向着太阳倾斜，所以在北极地区，太阳也就不会落下。

极昼和极夜对动物有许多方面的影响。例如，驯鹿的眼睛会随着季节改变颜色。极夜时，驯鹿的眼睛是蓝色的；而当极昼来临时，它们的眼睛就变成了金色的。当眼睛是蓝色的时候，驯鹿对光线更加敏感。这样一来，它们在冬天的时候可以看到更多东西，虽然看得并不是那么清晰。

大自然的烟火表演

在北极和南极的漫漫长夜里，你可以在天空中看到五颜六色的极光。

不可思议的极光出现时，还伴随着声响。有时是逐渐加强的嘶嘶声，有时是低沉的撞击声，有时是溅射声，有时是爆裂声。

根据芬兰一个古老的民间传说，狐狸在雪地上奔跑时，它们的尾巴擦过积雪会产生神奇的火花，上升到天空中就变成了极光。讲故事通常是北极民族文化的一个重要组成部分。许多土著民族都有自己的传说，讲述着他们各自的起源。有些传说认为，极光是天上巨人的火炬；也有些传说认为，极光是一些拥有强大法力的精灵。

极光出现在高空，五光十色，绚丽夺目。来自太阳的非常微小的带电粒子与地球高层大气混合时，会导致大气分子或原子发光，就产生了极光现象。极光只有夜晚才能看到，最佳观赏时间是每年3月春分时节和9月秋分时节的午夜前后。

极光的颜色很多，有绿色、粉色、红色、紫色、蓝色等。有时候，极光看起来就像是一片光幕；有时候，极光也呈现为条带状，或是分裂成更小的弧形。

无论在北极还是南极，都能看到极光。北半球的称为北极光，南半球的称为南极光。“极光”一词的英文“Aurora”来自罗马黎明女神奥罗拉。

艰难的旅程

谁是第一位抵达世界最南端的勇者？纵观历史，探险家们在应对南极洲的诸多挑战时表现出了非凡的勇气和创造力。

尽管过去数百次南极探险都离不开雪橇犬，但考虑到它们可能会给当地海豹种群带去传染病，还会打扰当地的野生动物，所以自1994年以来，雪橇犬已被明令禁止进入南极洲。

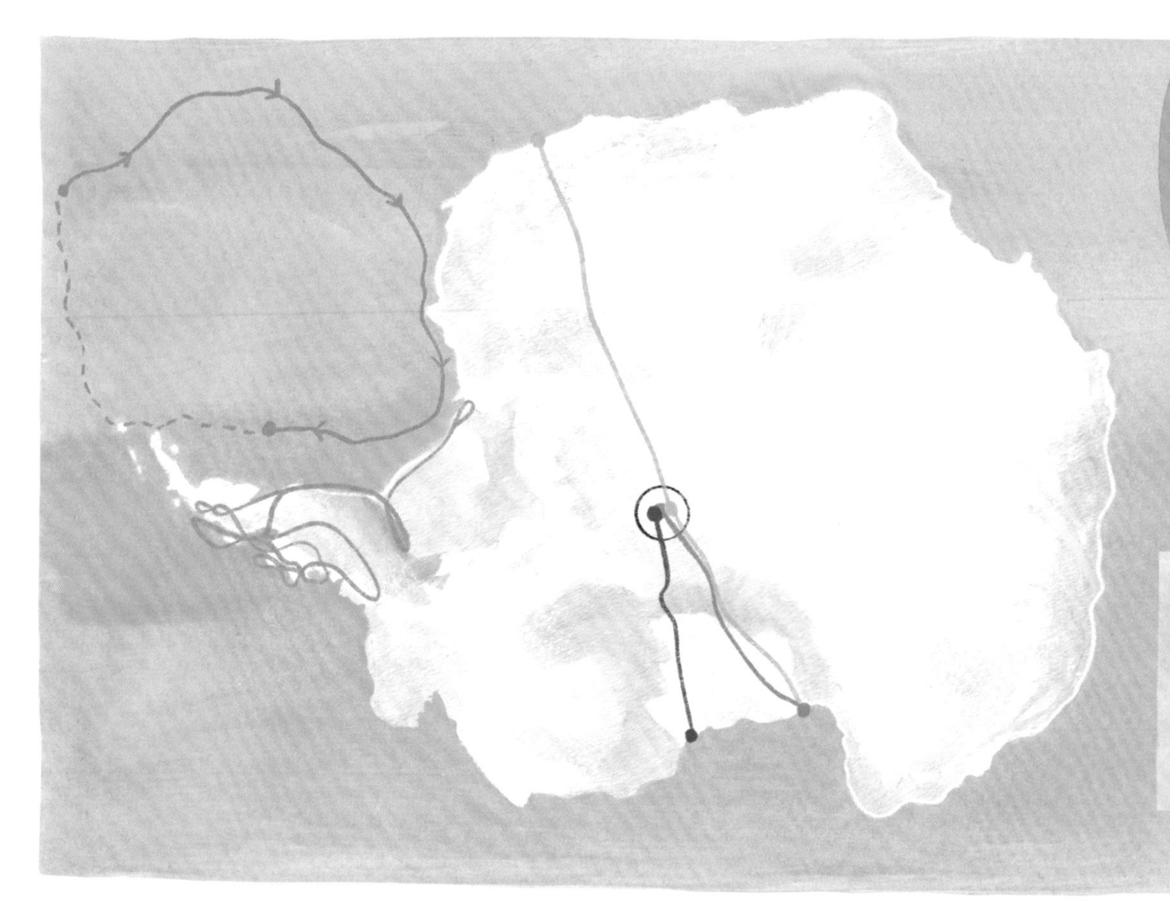

20世纪初，**罗伯特·福尔肯·斯科特**带队进行了两次南极探险。斯科特的探险队在南极地区的海洋状况、气候及过去存在的动植物等方面做出了很多重要发现。虽然斯科特并不是第一个到达南极点的，但是他的探险取得了极大的成功。斯科特探险队于1912年1月抵达南极点，但令人悲伤的是，斯科特和其他4名队员在返程途中不幸丧生，有的死于营养不良，有的死于冻伤。

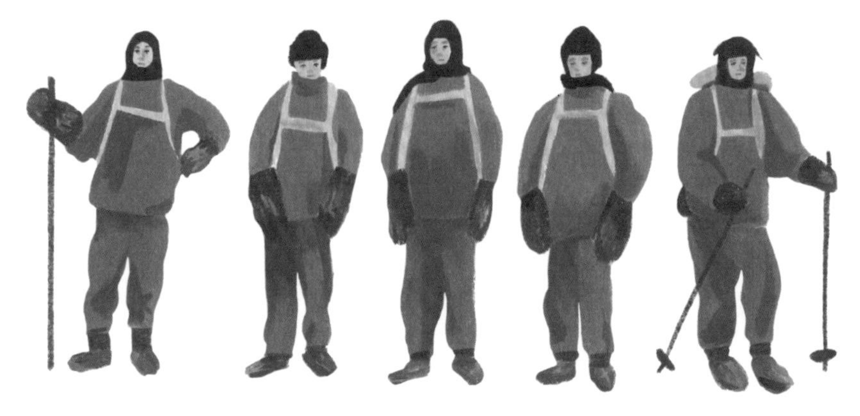

1911年12月，**罗阿尔德·阿蒙森**成为第一位抵达南极点的探险家。阿蒙森探险队的队员们擅长快速滑雪，能在南极洲崎岖的地势中穿行，还擅长驾驭狗拉雪橇。这次探险很大程度上是依靠训练有素的格陵兰犬拉着雪橇来前进的。这些探险队员坐在冰冷的雪橇上，身上穿着比斯科特探险队员更多的皮毛衣物；而斯科特探险队的雪橇是靠人力拉动的，这能让他们的身体更暖和一些。

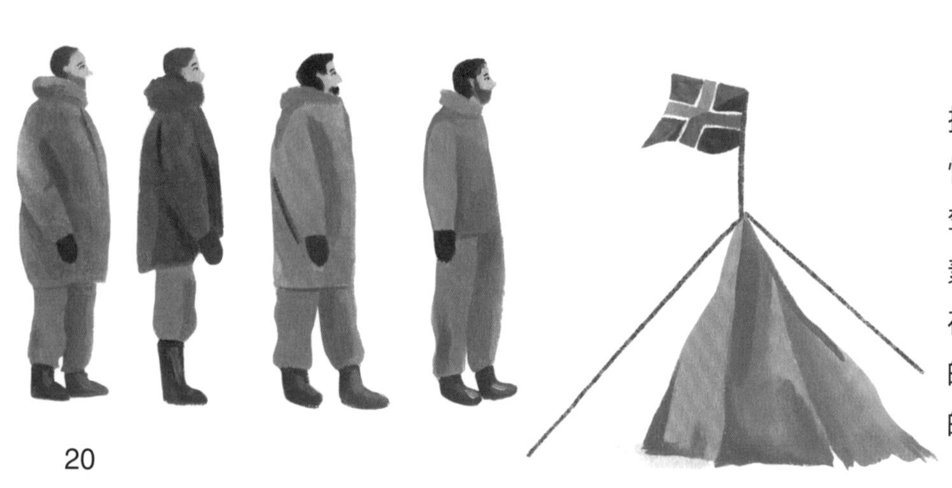

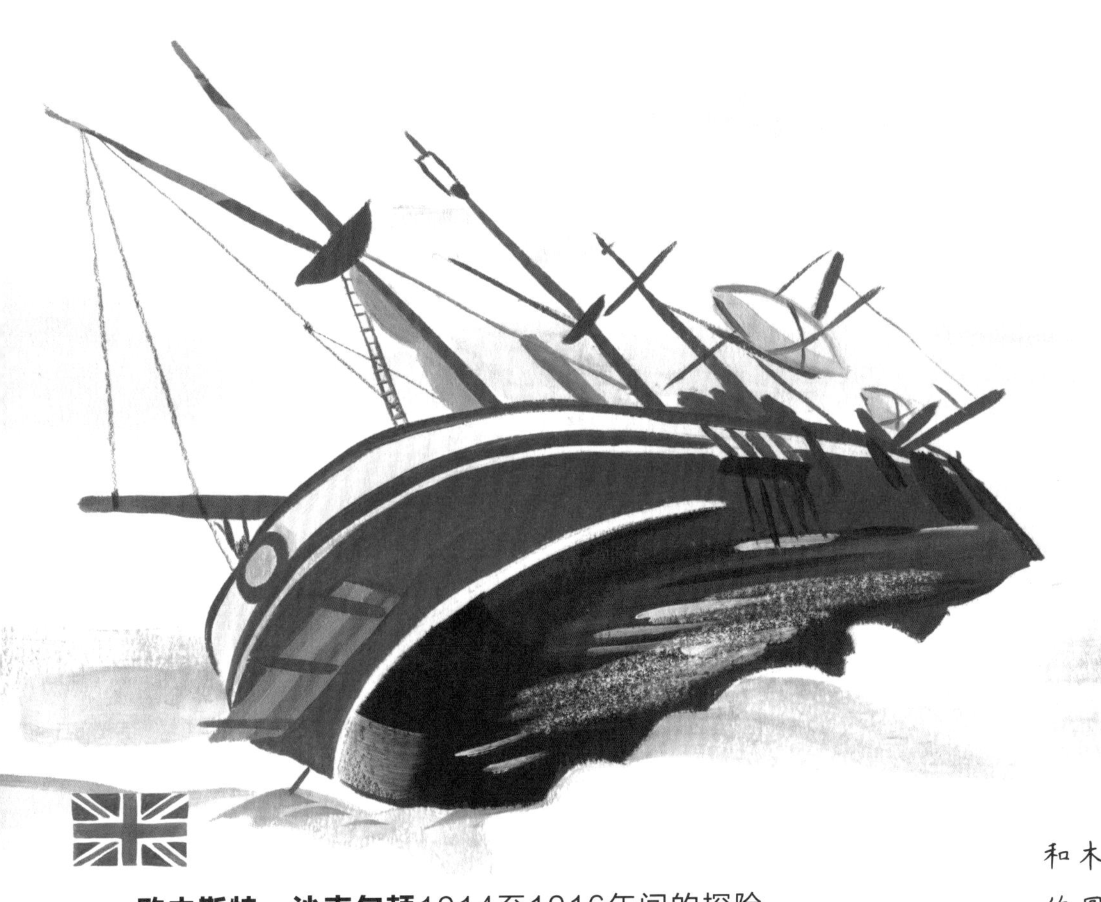

欧内斯特·沙克尔顿1914至1916年间的探险之旅，最初的计划是途经南极点穿越南极大陆。可惜，1915年初，他的船“耐力号”被困在了威德尔海的冰层中。沙克尔顿和队员，包括船上的公猫“花栗鼠夫人”，都没有放弃。队员们一起在冰上嬉戏，与狗赛跑，晚上举行唱歌会，观察野生动物和星空。1915年10月，“耐力号”由于受到大冰块的挤压而开始破裂，海水大量涌入。探险队只得弃船逃生，在冰上宿营。“耐力号”最终在同年11月沉没。沙克尔顿和队员们则于1916年获救。

“耐力号”的船员甚至还用冰和木头为狗建造了因纽特人那样的圆顶冰屋，他们称之为“狗狗冰屋”。这样，狗在冰天雪地里也有了可以睡觉的地方。

探索和绘制威德尔海的海岸线，是**芬恩·龙尼**在1947至1948年间的南极探险活动中取得的一项巨大成就。他的团队在南极航拍了大约14000张照片。龙尼的妻子**伊迪丝**是探险队中的科学家兼记者。伊迪丝是第一位踏上南极大陆的美国女性。龙尼探险队通过研究发现，南极洲是一整块大陆，而不是由两座孤立的岛屿组成的。

2001年，**安·班克罗夫特**和**丽芙·阿内森**率先成为滑雪穿越南极地区的女性。出发之前，两人进行了高强度的体能训练：她们拖着系在腰间的轮胎在砾石路上前行，背着装满猫砂的背包跑上山崖的陡坡。两人甚至还在一个大冰淇淋柜里测试通信设备。

班克罗夫特和阿内森滑雪时，身后拉着113公斤重的雪橇，乘风前进。

伟大的贡献

在世界的最北端，许多北极探险家在探险和寻求知识时，都得到了当地土著居民的帮助。

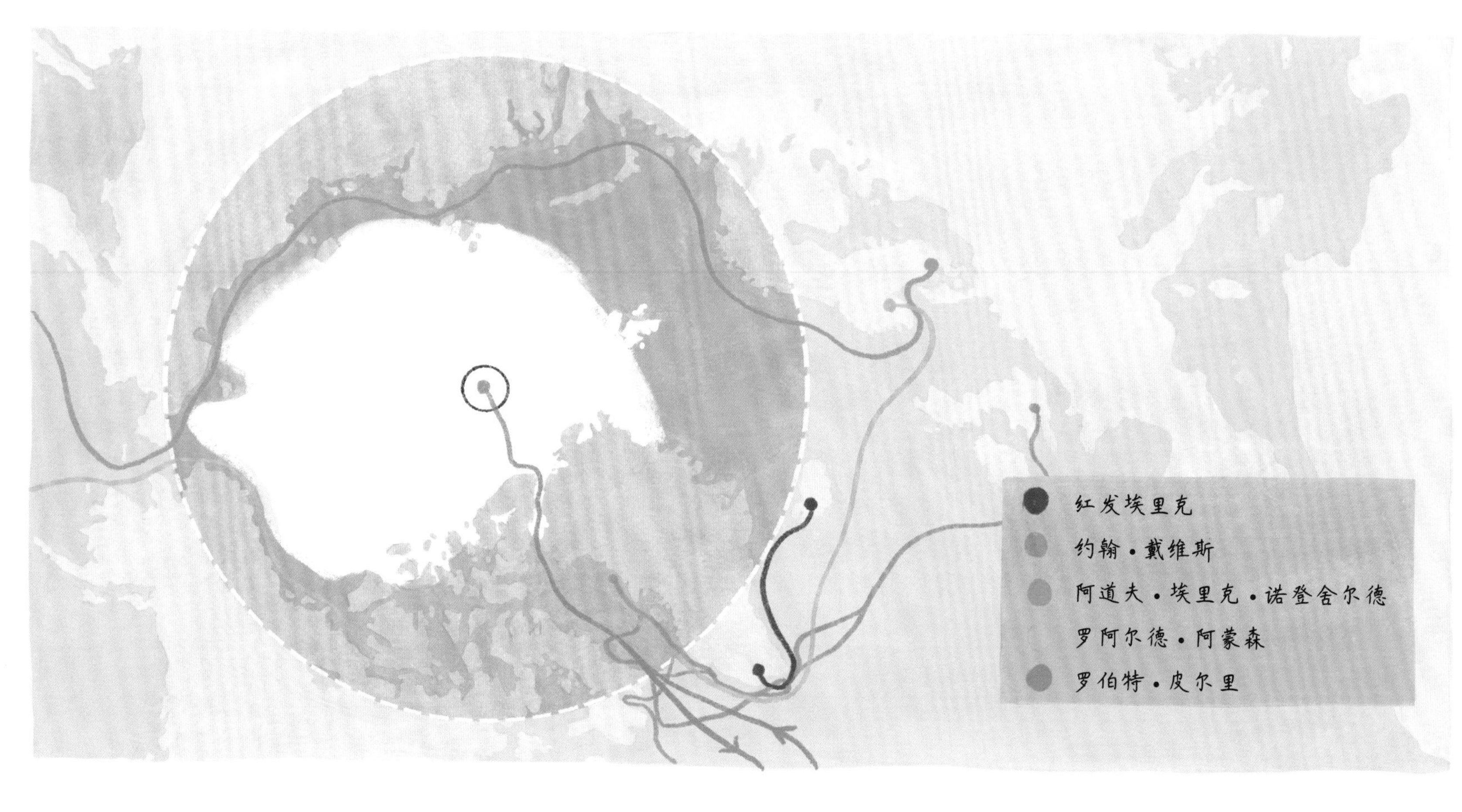

公元982年，维京探险家**红发埃里克**被驱逐出冰岛后，一路向西，前往今天的格陵兰岛。他乘坐的交通工具是“诺尔”船，这是一种既可以扬帆又可以划桨前行的单桅船。埃里克给这座岛屿起名“格陵兰”，并对岛上的大部分地区以及周围的岛屿和海岸线进行了探索。埃里克建立了格陵兰岛上第一个欧洲人定居点。

1585至1587年，**约翰·戴维斯**三次带领探险队进入北极地区。戴维斯的探险队中有4名音乐家，他们曾为在格陵兰岛海岸遇到的当地因纽特人演奏音乐。探险队和因纽特人一起跳舞，因纽特人也拿着鼓演奏他们自己的音乐。在考察北极地区的植物、地质和气候等方面，戴维斯为世界做出了巨大的贡献。他还收集了大量北极未知海岸线的相关数据。

1878至1879年，探险家兼科学家**阿道夫·埃里克·诺登舍尔德**成为第一个穿越东北航道的人。这条海上航线横穿北极，主要沿西伯利亚地区的北部海岸分布。一路上，诺登舍尔德的探险队从海里采集海星和海藻，拍照记录当地的风土人情，并绘制了挪威斯匹次卑尔根岛和西伯利亚北部海岸的地图。

除了乘船穿越西北航道，**罗阿尔德·阿蒙森**还于1903至1906年北极探险期间，在威廉王岛（位于现在的努纳武特地区）上逗留了将近两年。在岛上，土著居民教会了阿蒙森的探险队许多生存技能，比如如何快速建造冰屋，如何驾驭狗拉雪橇，如何穿得足够暖和（关键是要穿宽松的皮毛衣物）。

当**罗伯特·皮尔里**1909年的北极探险走到距离北极点只有最后216公里时，队伍中只剩下40条狗和其他5名队员了。其中4名是因纽特人（名字分别叫奥克、奥塔、埃根瓦和西格罗），另外一名是黑人探险家马修·亨森。亨森会讲因纽特人的语言，在渔猎方面也是一把好手，他还会训狗，木匠活儿干得也不错。据说，亨森是第一位到达北极点的探险家。不过，现在学者们普遍认为，尽管皮尔里的探险队一度接近北极点，但并没有真正到达那里。

2019年9月，**“北极气候研究多学科漂流冰站计划”**（MOSAiC）正式启动，破冰船“极星号”离开特罗姆瑟，前往北冰洋，并且在北极点附近的冰面上漂流了一年。考察团队里有来自20个国家的数百名研究人员，他们主要研究气候变化带来的影响。

“北极气候研究多学科漂流冰站计划”的研究人员下船对海洋中的生物进行了观察研究，他们观察到有些生物（可能是海洋浮游生物）的身体会发光。

谁住在这里？

许多土著民族在北极地区安家，每个民族都有着自己的文化。有些土著民族的居民甚至还坐着雪地摩托去上学，想不到吧？

这些土著居民已经在北极生活了数千年。据估计，北极地区的土著居民有200万左右。北极有20多个土著民族，上图便是其中的一部分。

和世界上其他地方一样，一部分北极居民住在小城镇和偏远的村庄。但北极也有一些大城镇。俄罗斯的港口城市摩尔曼斯克位于北极圈以北，人口达30万。

包括萨米人在内的几个土著民族都有饲养驯鹿的传统。现在，他们更多的是骑着雪地摩托去放牧。萨米人的人口大约有8万，分布在挪威、瑞典、芬兰和俄罗斯等国家。他们生活方式各异，从事渔业、畜牧业和旅游业等。

因纽特人是居住在加拿大、格陵兰岛和美国阿拉斯加等地的土著民族。在因纽特语中，“因纽特”一词的意思是“人类”。一些因纽特人仍然以狩猎和捕鱼为生，也有一些因纽特人经营采矿业或旅游业。狗拉雪橇一直是因纽特人传统文化的重要组成部分。如今，许多人也会选择乘坐更快捷的雪地摩托出行。

北极地区有超过1000万人口，而南极地区没有土著居民，只有来自世界各地的科考人员和游客。

学龄期的涅涅茨儿童通常上寄宿学校，学习俄语和俄罗斯文化。夏天，孩子们和家人待在一起，跟随驯鹿群穿越苔原。驯鹿对于西伯利亚涅涅茨人的生活来说是必不可少的。驯鹿可以拉车，它们的肉可以食用，皮毛可以用来搭建住所和缝制衣服。驯鹿是许多涅涅茨人的重要收入来源，他们靠卖驯鹿肉和皮毛赚钱。

从鱼肉到薄饼

北极的人们吃的食物，一些是他们通过狩猎和采集获得的，还有一些是从很远的地方运来的。

在加拿大的努纳武特地区，食品杂货的价格简直高得令人咋舌。2019年，一串葡萄的价格居然高达28美元，一包香草饼干的价格也超过18美元！

因纽特人的传统食物包括**海豹肉**和用海豹油烹制的**薄麦饼**。他们也喜欢吃**北极鲑肉**，可以冷冻食用。**鲸鱼皮**是一种用鲸皮和鲸脂做成的食品，通常生吃。

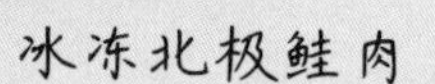

很多人认为**海豹汤**是格陵兰岛的传统菜式。其实，如今的食物通常是传统和现代相结合的，比如用海豹肉搭配番茄酱或蛋黄酱。此外，在整个北极地区，人们购买加工食品和饮料比较多，从苏打水到饼干、糖果，各种饮料和零食都有。

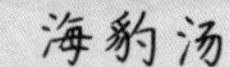

萨米薄饼是萨米人几百年来一直都在制作的一种薄饼。萨米人也采集**野生浆果**，包括云莓和越橘。**热咖啡**是萨米人非常喜欢的饮品。

对于北极西伯利亚地区的涅涅茨人来说，**驯鹿肉**是最重要的食物。无论是生的、冷冻的还是熟的，驯鹿肉都富含维生素。驯鹿血也是一种重要的食物资源。但在夏天时，涅涅茨人主要以鱼肉为食，这是因为他们要跟随驯鹿群不断迁移，而肉类不方便储存。涅涅茨人还会在夏天上山采集蔓越莓。

驯鹿肉和北极鲑等鱼类是萨米人日常饮食的主要组成部分。鱼和肉有很多种烹制方式，譬如晒干、腌制、熏制或烧烤。

因纽特冰淇淋是一种独特的北极食品，原本是人们外出打猎时的口粮。因纽特冰淇淋的做法有很多种，基本成分通常包括驯鹿或驼鹿的脂肪，海豹油、鲸鱼油或是海象油，雪或水，以及浆果。如今，一些厨师还会在这道令人惊叹的北极甜点中放上糖。

保暖的诀窍

尽管北极气候严寒，但有了精心设计的房屋和衣服，居住在这里的人们就不会感到寒冷了。

许多北极土著居民过去住的往往都是用兽皮缝制的帐篷。如今，一些萨米人的圆锥形帐篷是用涂蜡的帆布或其他轻质织物搭建的，不再用兽皮了。不同的土著民族搭建帐篷用的支撑杆的材料也不同：有的用鲸骨，有的用漂流木。当人们追随驯鹿等兽群不断迁徙时，拥有一座便于移动的房舍是非常重要的。

篷屋是西伯利亚涅涅茨人搭建的一种帐篷。每一座篷屋通常住一户人家。篷屋空间很大，涅涅茨人可以在里面开展各种家庭活动，比如做衣服、做饭、照看孩子。

准备前往南极的科研人员通常会先学习北极居民建造冰屋的方法，在必要时可以如法炮制，搭建一座紧急避难所。

涅涅茨孩子穿着用驯鹿皮毛做的保暖衣物。

冰屋是由硬雪块砌成的圆顶房子。因纽特人经常在冬天外出打猎时建造这样的临时住所。冰屋大小不一，最多可住20人。专业人士可以在短短一小时内就建好一座小冰屋！

近年来，北极地区的居住条件也有所改善，房屋的密封性比以前更好，还安装了地热。有些房屋甚至还有特殊的地基，如果房屋下面的永久冻土发生移动，房屋也可以很轻松地随之移动或调整。

北极居民喜欢养狗，这些狗可以帮助主人拉雪橇，也可以帮忙放牧驯鹿。

在整个北极地区，男人和女人都身穿风雪外套和长裤，脚上穿着靴子，手上戴着手套。土著居民过去用动物皮毛缝制衣服，但现在，许多北极居民也会购买用合成材料制作的冬衣。

许多因纽特妇女都穿着一种叫**阿穆提**的皮毛大衣。大衣背部有一个大口袋，可以将婴儿或幼童放在里面。从大衣的饰物和样式上就能看出穿衣人的婚姻状况：已婚、丧夫或是未婚。大衣还能显示出穿衣人来自哪个地区。因纽特人的**连指手套**通常都是用驯鹿皮毛缝制的。

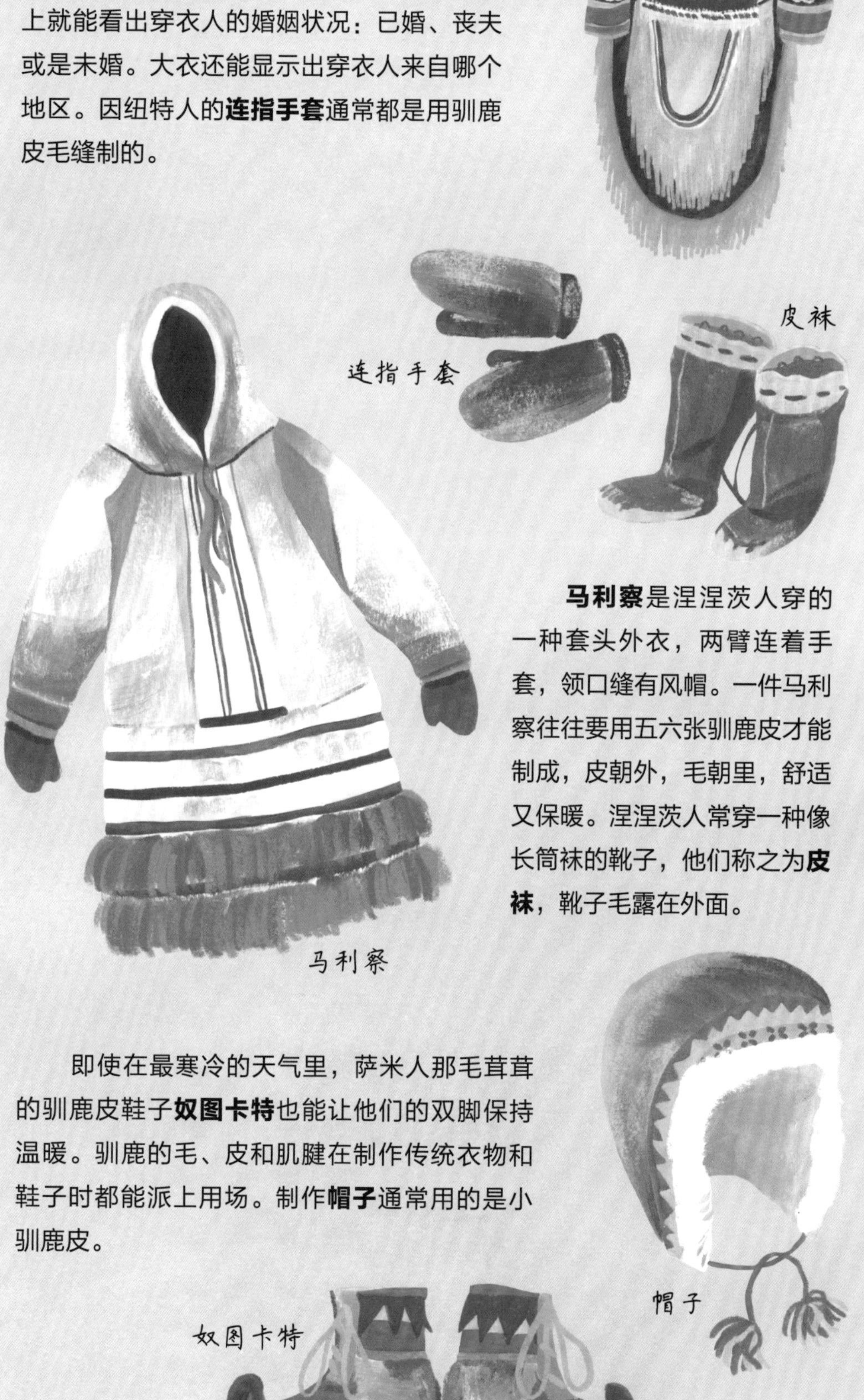

马利察是涅涅茨人穿的一种套头外衣，两臂连着手套，领口缝有风帽。一件马利察往往要用五六张驯鹿皮才能制成，皮朝外，毛朝里，舒适又保暖。涅涅茨人常穿一种像长筒袜的靴子，他们称之为**皮袜**，靴子毛露在外面。

即使在最寒冷的天气里，萨米人那毛茸茸的驯鹿皮鞋子**奴图卡特**也能让他们的双脚保持温暖。驯鹿的毛、皮和肌腱在制作传统衣物和鞋子时都能派上用场。制作**帽子**通常用的是小驯鹿皮。

南极科考站

南极科考站里进行的研究工作多种多样，所以它们的设计也各式各样。

南极科考站真是一些神奇的建筑。它们是为了满足研究人员和工作人员的各种需求而设计的。一方面，和其他住所一样，这些科考站里有卧室、厨房、餐厅和可以闲逛或看电视的区域；另一方面，和世界各地的研究场所一样，它们也有实验室、会议室和储备供给的地方。

食品和设备的补给次数很少，间隔漫长。每年一次，“北极星号”破冰船为一众补给船只开路，为麦克默多科考站运送几千吨物品和数千万升燃料。大多数南极研究人员都会选择在夏季来到这里。

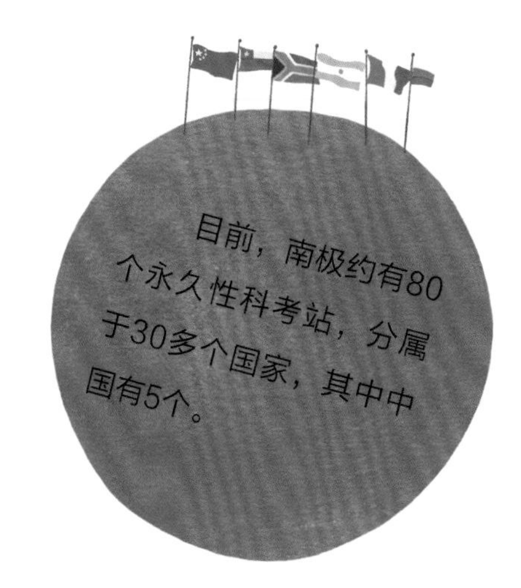

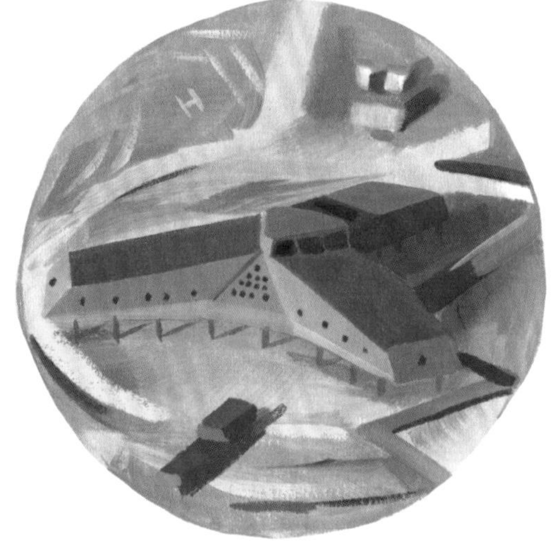

麦克默多科考站是南极最大的科考站。除了宿舍和科学实验室，科考站里还有一座消防站、一座发电厂，以及许多仓库和店铺。夏天，科考站里的人员有上千名，这里甚至还有咖啡馆和小型电影院！

张保皋科考站是一座位于南极洲特拉诺瓦湾的韩国科考站。这座明亮的蓝色科考站能够承受零下40℃的低温和高达每小时233公里的风速。因此，这里是测试新设备、机器人和在极端条件下所用材料的理想场所。张保皋科考站的主要工作是研究陨石、冰川和臭氧层。

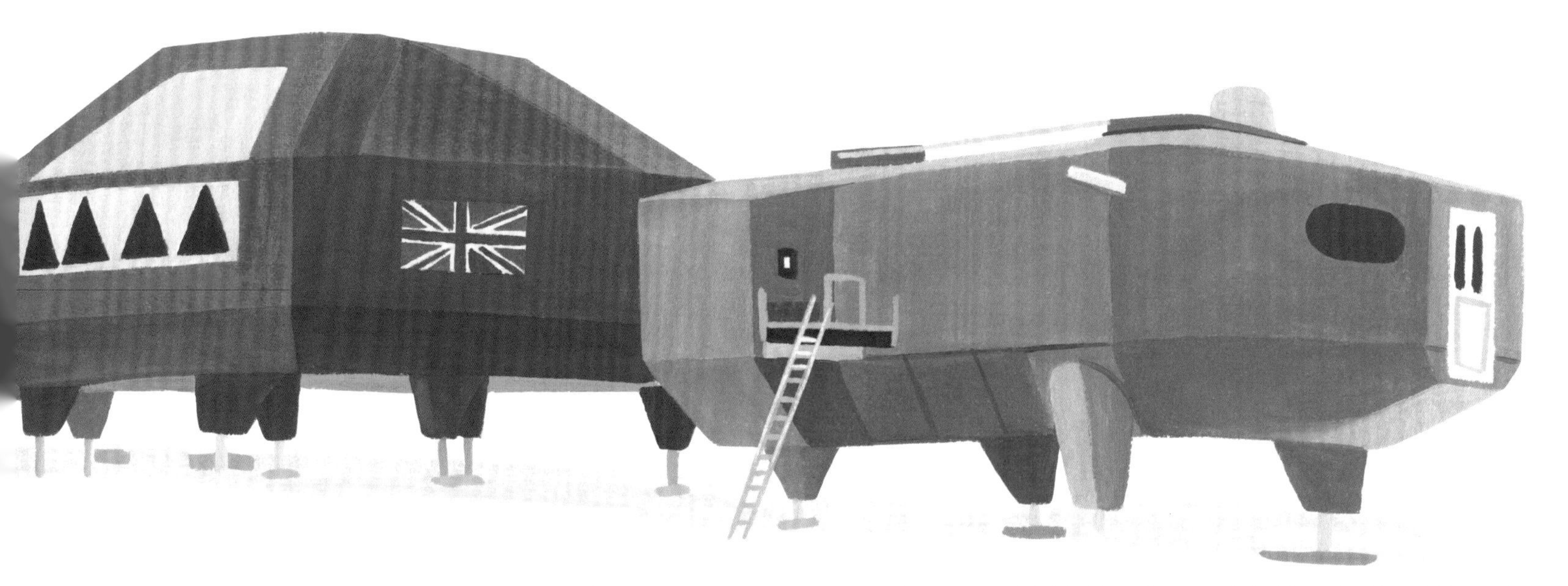

哈雷六号科考站位于南极洲布伦特冰架之上，于2013年投入使用。哈雷六号由8个连在一起的彩色舱体组成，舱体的下面有滑雪板。欧洲航天局甚至利用哈雷六号科考站做过一项测试，测试人们在非常孤独的地方工作和生活的感受。

2017年，哈雷六号科考站下方的冰层出现了两条巨大的裂缝，因此该站被迫向内陆迁移了23公里。幸运的是，它的舱体可以拆分开来，用特制的重型车辆牵引移动。

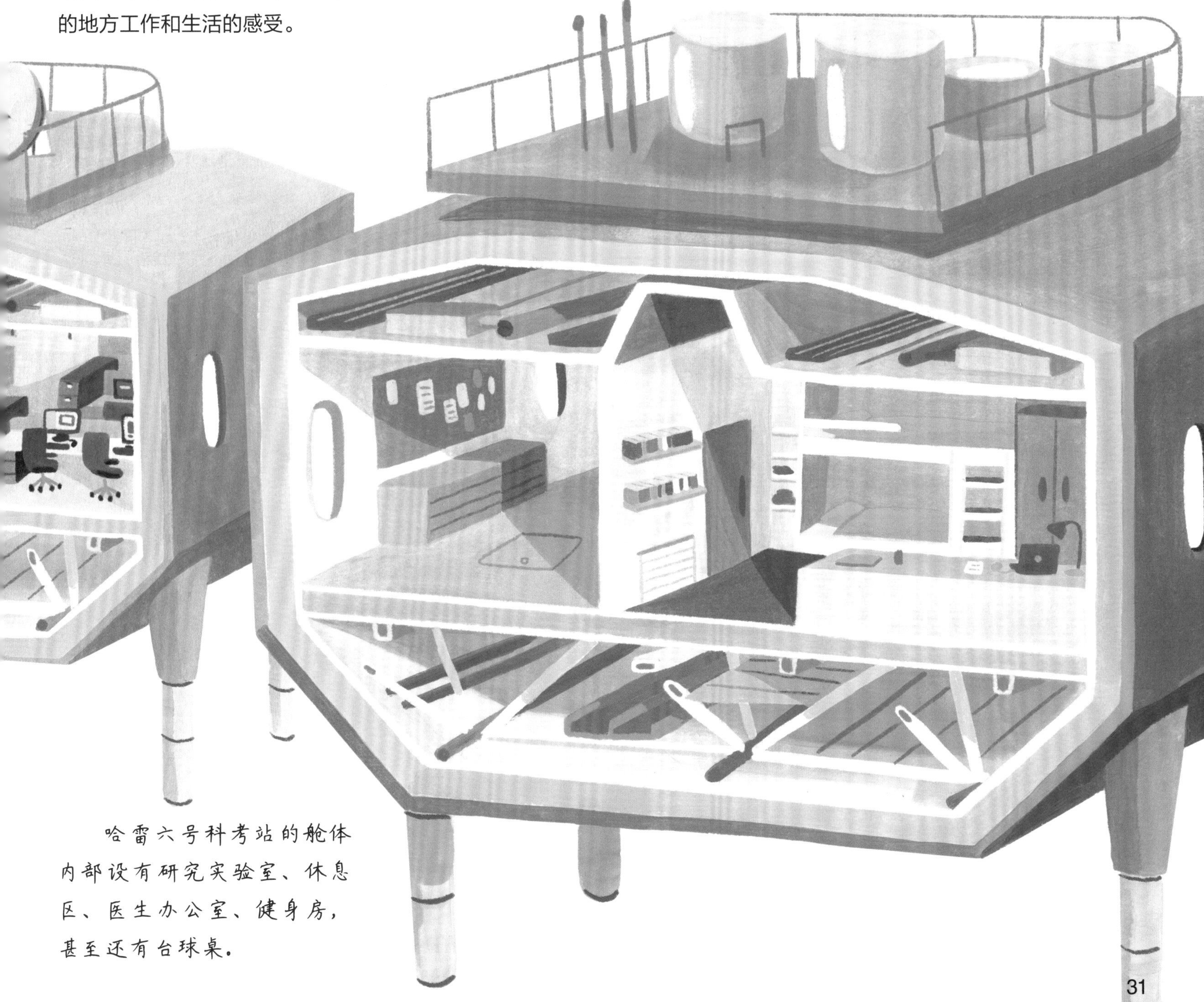

哈雷六号科考站的舱体内部设有研究实验室、休息区、医生办公室、健身房，甚至还有台球桌。

科学家的一天

极地研究人员的日常工作非常辛苦，但也充满了乐趣。让我们跟踪记录一位科学家的一天，看看她是如何开展研究和放松休闲的吧。

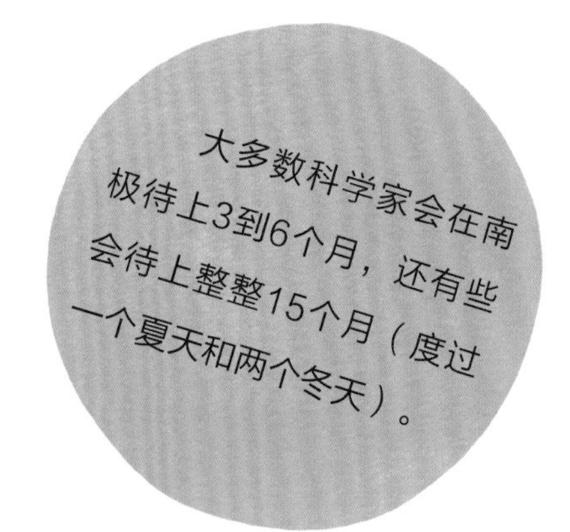

这位极地科学家从她工作的实验室拿出全套设备，把它们放到“奇度”雪地摩托上，为早上的工作做准备。在她身后，一位同事的雪地摩托通过绳子和她的雪地摩托连在一起，因为在南极地区，结伴出行会更安全。这些雪地摩托车能以每小时80公里的速度在冰冻的地面上快速行驶。大约45分钟后，她和同事抵达了研究地点。

接下来的整个上午，我们的科学家要在海岸的几个地点测量水温。此外，她还要收集海水样本带回实验室进行分析。她和同事的午餐就在研究地点解决，食物是花生酱三明治，饮料是装在保温杯里的热可可。

整个下午，生物实验室就像忙碌的蜂房。我们的科学家已经取回了早上采集的海水样本，她将一部分样本倒入烧杯中，检测它的化学成分。检测完毕后，再将数据录入电脑。

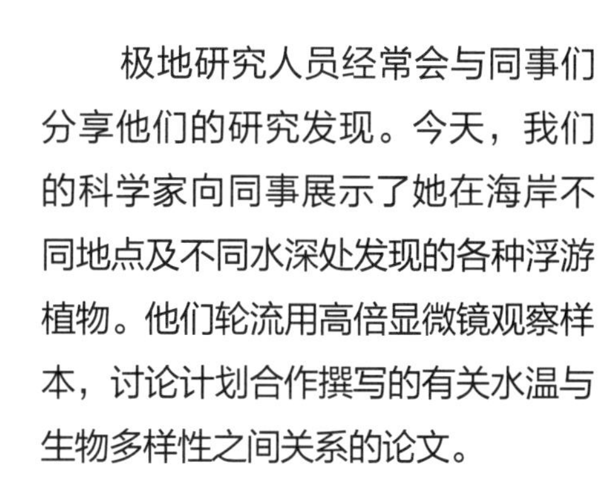

极地研究人员经常会与同事们分享他们的研究发现。今天，我们的科学家向同事展示了她在海岸不同地点及不同水深处发现的各种浮游植物。他们轮流用高倍显微镜观察样本，讨论计划合作撰写的有关水温与生物多样性之间关系的论文。

锻炼是很好的减轻压力和消耗热量的方法。我们的科学家有时会在跑步机上跑步，有时会做力量训练。今天她花了一个小时练习攀岩（南极麦克默多科考站就有一面攀岩墙）。两分钟的淋浴过后（许多极地科考站都有淋浴时间的限制），差不多就到晚餐时间了。

今天的晚餐吃什么呢？烤鱼、意大利面、番茄汤、炸豆丸子。新鲜水果和蔬菜的补给次数太少，因此富有创意的厨师们只能将就一下，用罐装食品和冻干食品为科考人员制作晚餐。今天，我们的这位科学家不用值日；而平时值日时，洗碗和打扫卫生也是科考人员生活的一部分。

许多极地科考站周围都没有树木或草地，因此，躺在科考站温室的沙发上看书就成了最惬意的休闲方式，也有助于我们的科学家调节心情。这里的空气温暖、湿润，特别是在夏季，温室内全天都有充足的阳光。

从塑料到北极熊

北极地区的**污染**威胁着野生动物，也威胁着人类。近年来，挪威极地研究所的科学家们在研究塑料微粒（直径小于5毫米的塑料颗粒）对一种名为北方暴风鹱（hù）的海鸟所产生的影响。

这些是在北方暴风鹱胃里发现的微小塑料颗粒。

这位科学家正准备从格陵兰岛的“北站”放飞气球。

气象气球可以收集有关大气的信息。具体来说，就是收集空气污染和大气湍流的相关数据。

在挪威的斯瓦尔巴群岛上，科学家正在往一头北极熊的耳朵上贴**标签**。标签有硬币大小，可以收集北极熊的活动地点以及这些地点的光线、温度等数据。贴标签前，需要先用一枚镇静剂飞镖射中北极熊，让它在一个小时左右的时间里都动弹不了，不过之后它就能正常活动了。

这位研究人员正在研究全球变暖对昆虫和其他节肢动物产生的影响。提高这些**小型塑料温室**的室内温度，会对昆虫消耗植被的总量产生重大影响。

美国海岸警卫队的中型破冰船“**希利号**”可以容纳50名科学家在上面生活和开展研究。船上有一个很酷的设备，叫作范·维恩抓斗，这是一种颌状的工具，可以从海底抓取沉积物和动物样本。

“希利号”破冰船

并非所有研究项目都需要研究人员在场。**无人驾驶帆船**是一种由风力驱动的水面航行器，可用于监测冰层的季节性破裂，跟踪海洋哺乳动物的活动，以及监测海洋环境等。

这种无人驾驶帆船每天可以收集大约200万份测量数据，从风速到空气，从水温到水体中叶绿素的浓度，应有尽有。

从陆地到海洋，再到天空，都有研究人员在从事着不同的研究项目，以便获得更多对极地环境的了解。

安装在这只漂泊信天翁脚上的**监视器**可以记录下它惊人的遥远行程。你知道吗？信天翁一年可以飞行12万公里。

一位气象研究人员手举**风速仪**，正在测量风速。虽然南极点的平均风速只有每小时19.8公里，但南极洲有记录的最高风速却超过每小时320公里！

这位研究人员正在用一种特殊的**冰钻**钻入冰层，这样他就能得到一根圆柱形的**冰芯**。冰芯能够为科研人员提供降水量、温度、火山活动等方面的信息，甚至是某个区域在过去不同历史时期的风向。

古植物学家研究的是像右图这样的**植物化石**。通过分析找到的化石，古植物学家发现，在数百万年前，南极的不同地区生长着不同的植物。

这块化石证明，南极洲一度长有松树和银杏树，还有蕨类植物和其他植物。

南极科研人员可以从船上向水中撒下**大型拖网**，收集丰富多样的浮游生物标本，这有助于我们了解这些生物以及它们所在的食物网。

这是一款神奇的**自主水下航行器**，航行在南极的海水中。它帮助科学家绘制了南极半岛地区海冰的高清三维地图，这在以前是无法办到的。

南极的动物

南极是多种野生动物的家园，有生活在水中的，也有生活在陆地上的。

南极的栖息环境看似恶劣，但许多生物仍然能生存下来。丝带虫和海蜘蛛就是生活在南冰洋中的两个独特物种，有些细菌和藻类甚至可以生活在冰里！夏天，一些鲸鱼（如座头鲸和虎鲸）也会来到南极海域。

有超过200种**鱼类**在南极水域安家落户。其中许多鱼类（如**南极犬牙鱼**）的血液中含有特殊的蛋白质，可以用作防冻剂，这使得它们能够在寒冷刺骨的海水中生存。**鳄冰鱼**是生活在南冰洋中的一种独特鱼类，它的血液并非红色，而是透明的。其他神奇的鱼类还包括著名的**南极电灯鱼**，它浑身的许多器官都能发光。

磷虾是一种体型像虾的小型无脊椎动物，它们大群大群地生活在一起，是大多数南极动物主要的食物来源。磷虾又被称为“南冰洋中的魔术师”，因为它们可以通过增大或收缩自己身体的方式来适应极端的生存条件。据说，南极磷虾饿200多天还能存活！磷虾的身体大部分是透明的，而外壳泛着红色。有时，磷虾群的密度非常大，甚至从太空中都能观察到。

有些**南极水母**就生活在冰层下。**大王酸浆鱿**是地球上最大的无脊椎动物，生活在南极洲周围的深海水域。

南极冰冷的海域还是6种**海豹**的家园。它们体型大小悬殊，善于潜水。其中，**象海豹**体型最大，**南极海狗**（又称毛皮海狮）体型最小。雄象海豹鼻子很大，在交配季节常用鼻子发出咆哮声。**豹形海豹**倾向于独居，多栖息在南极周围的浮冰群上。

尽管水中光线不强，但南极海豹的水下视力非常好。**威德尔海豹**在寻找猎物时，能潜入600米的深海。**食蟹海豹**是南冰洋中数量最多的海豹。

体型巨大的**蓝鲸**是生活在南极的6种须鲸类之一。它的嘴巴里有一种叫作须板的过滤器。蓝鲸一口可以吞下几十吨海水和磷虾，当它把吞下的水从须板的缝隙中排出来时，磷虾就会留在它的嘴里。

南极的海床上还生活着海星、海绵、海胆等动物。

北极的动物

海豹也是北极常见的海洋哺乳动物。

无论是在陆地上还是海洋中，北极都生活着许多种类的动物。

北极的动物种类与北极地区的环境一样丰富多彩。哺乳动物中既有体型微小的旅鼠和黄鼠狼，也有体格壮硕的麝牛和北极狼。大群大群的昆虫，如蚊子和黑蝇，遮天蔽日。只有3种鲸鱼全年生活在北极海域，它们分别是独角鲸、白鲸和弓头鲸。

在北极的海冰中，你可以看到单细胞藻类、蠕虫和一些甲壳类动物。

独角鲸

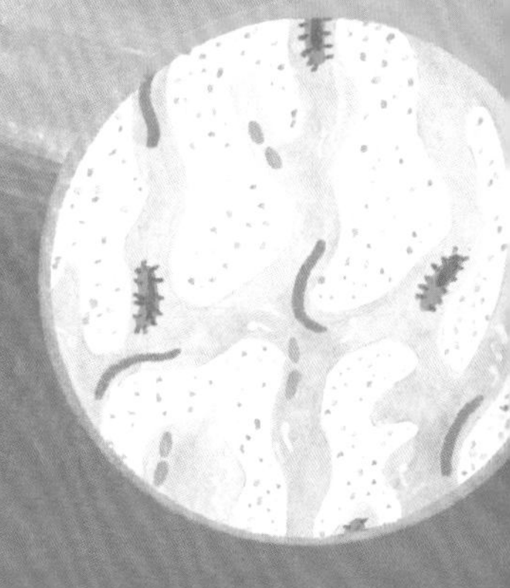

在美国和加拿大以北的冰川中，甚至还有**冰虫**存在。它们一生都在冰川中度过，以冰层表面的雪藻为食。如果暴露在5℃以上的环境中，这些冰虫基本上就会融化并死亡。

独角鲸也被称为"海中独角兽"，是海豚的近亲。独角鲸生活在北极的河流和沿海水域中。雄性独角鲸长有一颗非常突出的牙齿，可以长成长达3米的螺旋状獠牙。

据科学家们推算，北极的鱼类有240种。**狼鱼**身上有竖条纹，身长可达1.5米，嘴里长满强有力的牙齿，其中有一些牙齿还会从嘴里凸出来。**北极鲑**的突出特点是能够变色，繁殖期的成年北极鲑可以从棕色变成醒目的橙色或红色。

麝牛和**驯鹿**是强大的食草动物。它们用独特的蹄子从雪地里刨食，而且不太挑食，地衣、苔藓、根茎、草叶，甚至夏季时开放的花朵都是它们的食物。

海象有肥厚的鲸脂，即便处于冰冷的海水中，也能保持体温。它们的獠牙在很多时候都能派上用场，比如帮助它们爬出水面，保卫自己的领地，在冰面上凿出一个可供呼吸的洞口，等等。海象喜欢群居，夏季时，它们会结成一大群吵吵闹闹的队伍，懒洋洋地躺在陆地上。

白鲸以它们不同寻常的体色而得名，也属于群居动物。白鲸还以它们音域广阔的叫声而闻名，因此享有“海洋金丝雀”的美名。

弓头鲸身形庞大，身长15至18米，据说寿命可以长达200岁！

动物的御寒之道

极地动物通常有厚厚的皮肤或皮毛，能够防风防水。驯鹿和麝牛都有**两层毛**。一层是贴近皮肤的较短的绒毛；另一层是起保护作用的、长而蓬松的针毛，可以留住空气，保持体温。

海豹、海象和虎鲸等海洋哺乳动物，体内都有一层厚厚的脂肪，泛称为**“鲸脂”**。鲸脂能帮助它们在冰冷的海水中保持体温，还可以作为能量储备。

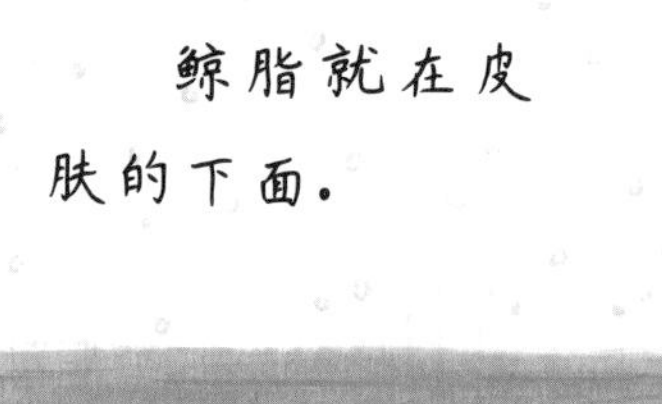

企鹅的**羽毛**可以帮助它们在冰冷的海水里保持温暖和干燥。企鹅每年要换一次毛，褪去旧羽毛，长出新羽毛。

帝企鹅会**抱团取暖**，这样也能抵挡寒风。它们会轮流站在最外面一排，这种简单的方法可以让它们的热量损失减少一半。

还有许多极地动物，包括北极熊和极北朱顶雀这样的小型鸟类等，会**蜷缩成一团**保持体温。这样，它们的身体就可以最低限度地暴露在严寒中。

生活在北极和南极这样极端寒冷的环境中，动物们必须找到适应环境的方法。让我们来看看它们是如何通过身体机制和行为方式来应对生存挑战的吧！

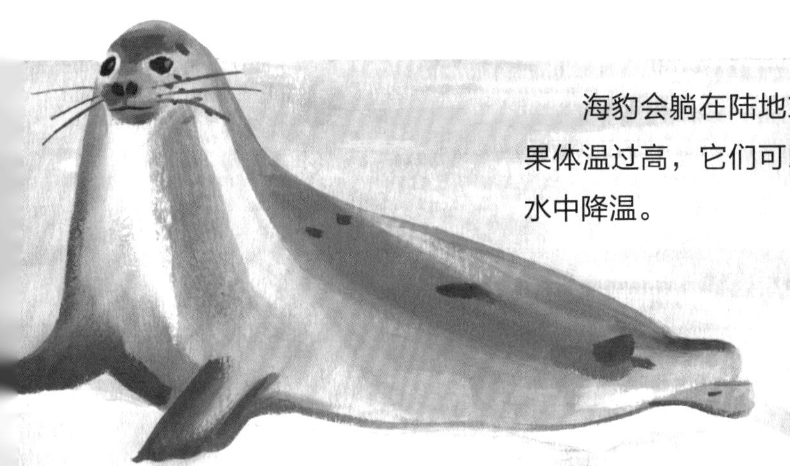

海豹会躺在陆地或浮冰上**晒太阳**取暖。如果体温过高，它们可以随时潜入周围冰冷的海水中降温。

威德尔海豹生活和繁殖的地方比任何其他哺乳动物都靠近南极点。它们的幼崽就出生在南极的冰面上。

北极狼适应极地环境的办法有许多种。它们**白色的皮毛**与所栖息的雪地融为一体，耳朵也比其他狼类小，这有助于减少热量损失。

另外，北极狼爪垫之间的**毛簇**可以增强它们在冰雪上活动时的抓地力。

北极地松鼠用**冬眠**的方式来应对冬季的严寒和食物的匮乏。它们有些可以睡上8个月之久。

冬眠时，这些神奇的动物可以将**体温降低**到零下3℃来节约热量。这时候，它们看起来就像是死掉了一样；而当天气回暖时，它们就会慢慢恢复正常状态了。

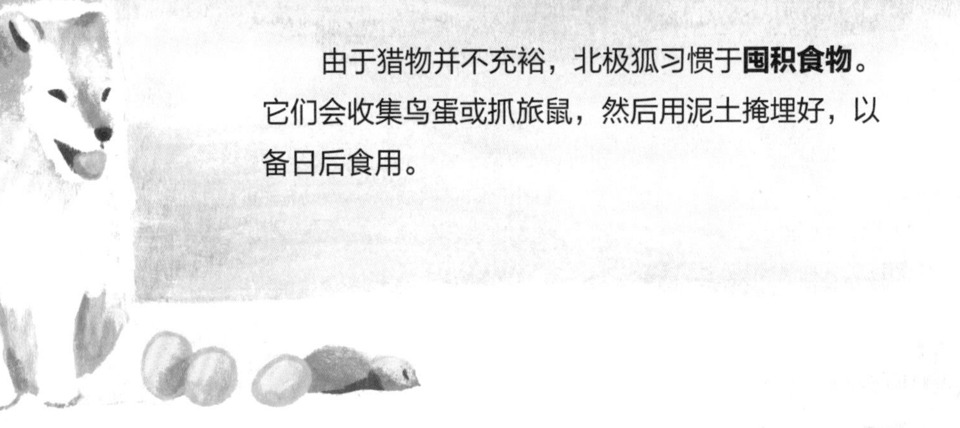

由于猎物并不充裕，北极狐习惯于**囤积食物**。它们会收集鸟蛋或抓旅鼠，然后用泥土掩埋好，以备日后食用。

水中领主

企鹅虽然不会飞，但却能够在南极的海水、冰面和雪地间自由地穿梭。

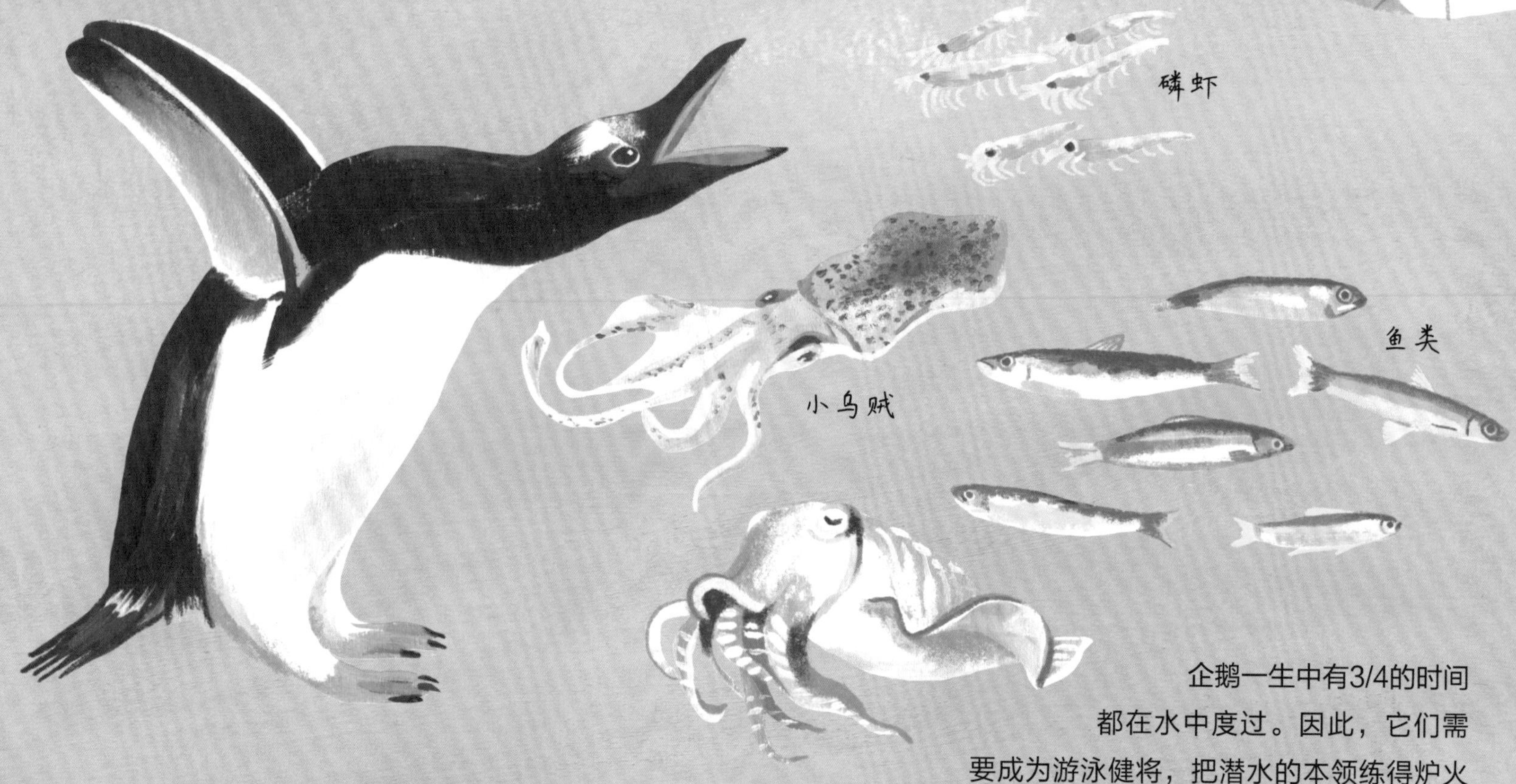

企鹅一生中有3/4的时间都在水中度过。因此，它们需要成为游泳健将，把潜水的本领练得炉火纯青。企鹅在水中游得很快，这要归功于它们鱼雷形状的身材和强壮的鳍状翅。企鹅经常使用一种被称为“豚泳”的游泳技巧，通过一连串跳跃不停地掠过水面，在海水表层快速移动，并且呼吸自如。

很多海洋生物都在**企鹅**的食谱中。磷虾是企鹅的主要食物来源，此外，它们还常吃鱼类和小乌贼。企鹅虽然没有牙齿，但却可以吃下所有这些食物，实在令人惊叹！它们的舌头和上颚都长着倒刺，可以辅助吞咽食物。

企鹅的毛色是很好的伪装，可以保护它们免受捕食者的伤害。从上方看，企鹅背部的颜色与深色的海水融为一体；从下方看，它腹部的颜色又很像明亮的水面。

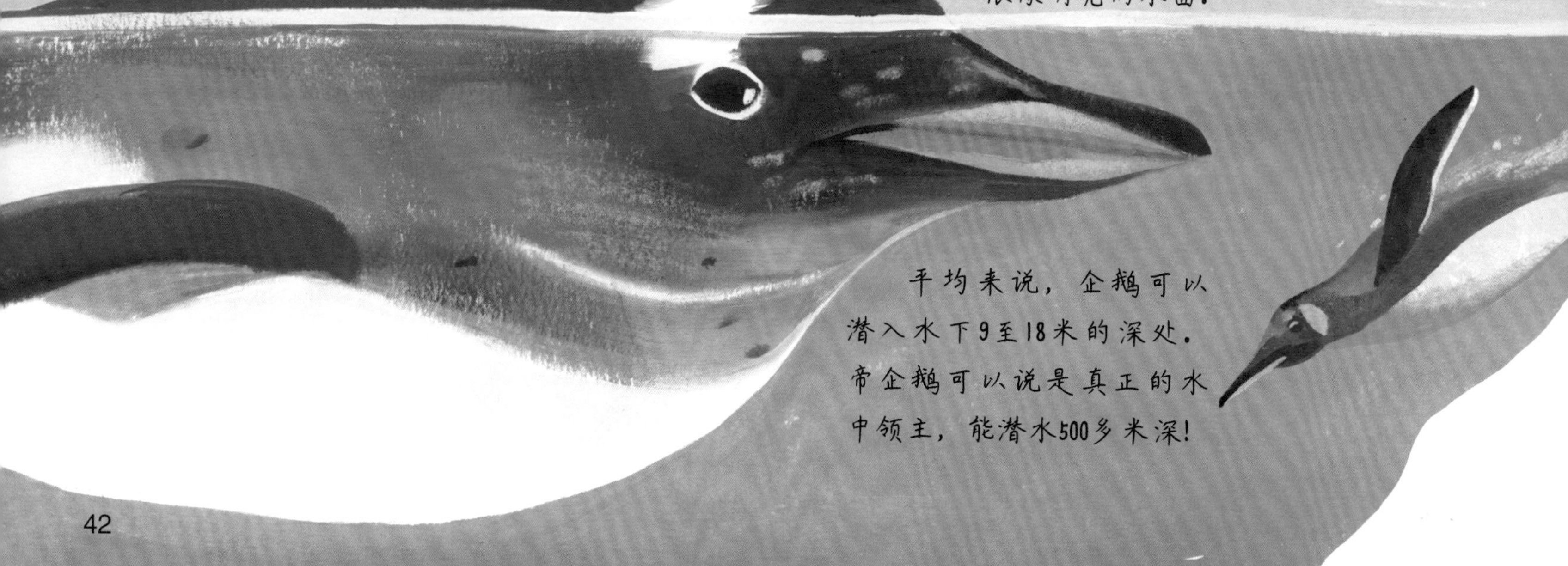

平均来说，企鹅可以潜入水下9至18米的深处。帝企鹅可以说是真正的水中领主，能潜水500多米深！

企鹅大多生活在南极。

为了躲避猎食者（通常是豹形海豹），企鹅经常会成群地潜入水中。一旦一只企鹅潜入水中，其他企鹅很快就会跟上来。

阿德利企鹅和**帝企鹅**是南极大陆的永久居民。此外，南极也生活着**帽带企鹅**、**巴布亚企鹅**、**王企鹅**、**马可罗尼企鹅**和**跳岩企鹅**等。

企鹅改变了对父母角色的传统定义。雌企鹅产下蛋后，雄企鹅就会用嘴把蛋滚到脚背上，并用一块叫作“育儿袋”的腹部皱皮把企鹅蛋包裹起来，让它保持温暖。企鹅宝宝孵化出来后，雄企鹅还会担负起育儿的责任，尽管这些企鹅宝宝在2到4个月后便可以独立生活。帝企鹅和王企鹅每年只产1枚蛋，而其他种类的企鹅通常是一年产2枚蛋。

这只企鹅宝宝大约只有2周大。

强壮的北极熊

北极熊牙齿锋利，体型巨大，是北极最大的猎食者。它们非常聪明，而且很顽皮。

北极熊的嗅觉非常灵敏，能闻到32公里外冰面上海豹的气味！

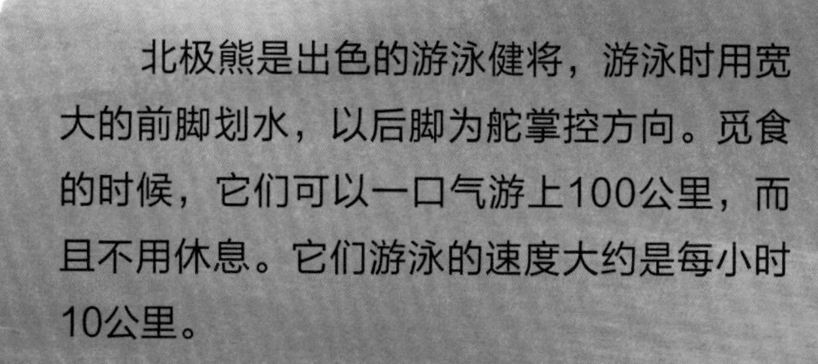

北极熊是出色的游泳健将，游泳时用宽大的前脚划水，以后脚为舵掌控方向。觅食的时候，它们可以一口气游上100公里，而且不用休息。它们游泳的速度大约是每小时10公里。

北极熊身上的脂肪层有5到10厘米厚，这有助于它们在水面上漂浮，也能让它们在北极冰冷的空气和海水中保持体温。脂肪层的另一个好处在于，如果捕食不到足够的猎物，它也可以为北极熊提供好几天的能量。

北极熊捕猎时非常有耐心。在等待海豹从冰面的呼吸孔中跳上来时，它们可以一动不动地埋伏好几个小时。

在北极的阳光下，北极熊的皮毛可能呈现为奶油色、黄色，甚至是粉色。但在厚厚的皮毛下，北极熊的皮肤实际上是乌黑的！

北极熊主要以海豹为食，**环斑海豹**是它们主要的猎食对象。不过，只要有机会，北极熊几乎什么都吃，驯鹿、鸟蛋、海藻都不在话下。

北极熊只生活在北极。

极地的空中世界

大大小小、形形色色的鸟类在极地安家栖息。

极地是深受各种候鸟青睐的栖息地。为什么呢？因为在夏天，极地阳光充足，对那些孵育期较短的鸟类来说非常合适。事实上，北极有着来自全球各地的候鸟，比地球上其他任何地方都多！

贼鸥

贼鸥通常被称为“空中强盗”，因为它们总是在空中攻击其他鸟类，迫使其丢掉到嘴的美餐，从而大量掠取食物。真“卑鄙”！

白尾海雕

一只**白尾海雕**抓住了一条鳟鱼。白尾海雕是格陵兰岛体型最大的鸟类，它们的猎食对象包括鱼类和北极狐，还有**海鸠**等其他鸟类。

雪鸮

雪鸮（xiāo）的视觉和听觉非常敏锐，这对它们捕捉自己喜欢的猎物旅鼠极有帮助。一只成年雪鸮一年可以吃掉1600多只旅鼠。

北极燕鸥

北极燕鸥大部分时间都在空中飞行，它们的迁徙路程是地球所有动物中最长的。据估计，北极燕鸥一生中要飞行大约240万公里。每年，它们都会在北极和南极的夏天时如期而至，它们见到的白昼比其他任何动物都多！这样一来，它们总能找到充足的食物，又能避开北极狐之类的猎食者。北极燕鸥在迁徙过程中不会径直飞往目的地。相反，它们通常会在北大西洋逗留一个月，在穿越热带之前捕食一些甲壳类和鱼类，给自己“加满油”。北极燕鸥是沿着曲折的路线迁徙的，因为它们飞行时需要遵循一定的风向，尽量避免逆风飞行。

黄色路线表示的是北极燕鸥为了赶上南半球的夏天，在7月至10月间动身前往南极的飞行轨迹。

红色路线表示的是北极燕鸥迁回北极觅食时的飞行轨迹。

漂泊信天翁

海燕种类繁多，它们拥有修长的翅膀，非常适合在开阔的海面上飞行和滑翔。

每年春天，有一亿多只鸟聚集在南极的岩石海岸线和近海岛屿周围产卵孵雏。**漂泊信天翁**是所有海鸟中体型最大的，翼展可达3.5米，不需要拍打翅膀便可以滑翔很远的距离。在10到20天的旅程中，这些了不起的飞行家便可以飞行10000公里！它们的寿命很长，有些可以活60年以上。

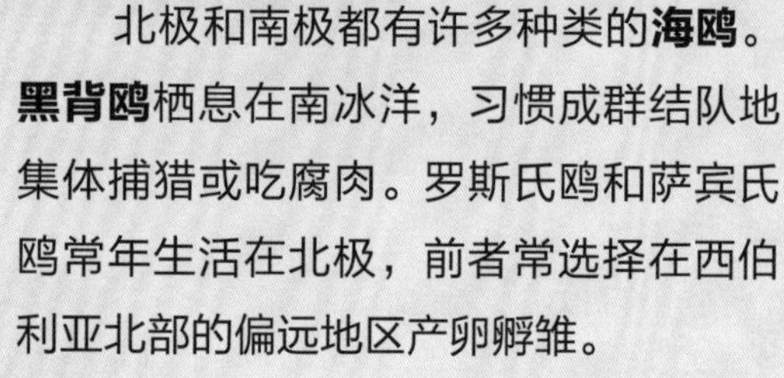

北极和南极都有许多种类的**海鸥**。**黑背鸥**栖息在南冰洋，习惯成群结队地集体捕猎或吃腐肉。罗斯氏鸥和萨宾氏鸥常年生活在北极，前者常选择在西伯利亚北部的偏远地区产卵孵雏。

刀嘴海雀

侏海雀

大多数海鸟捕猎时都要依赖良好的光照条件，但科学家们发现，格陵兰岛的**鸬鹚**（lúcí）在整个极夜期间都能成功捕猎，它们常在夜色中潜入海里捕鱼。**海鹦**的喙色彩斑斓，又被称为“海中小丑”，但它们的潜水能力和捕鱼本领却不容小觑。看，一只**岩雷鸟**正站在岩石上，它羽毛上的斑点表明眼下正是夏天；而等到冬天，它的羽毛就会变成像雪一样的纯白色。

岩雷鸟

植物的生存之道

北极和南极都有**地衣**。它们的生长不需要土壤，能够在干旱条件下存活很久。许多南极大陆的地衣靠**吸收冰雪释放的水蒸气**生长在岩石的缝隙中。

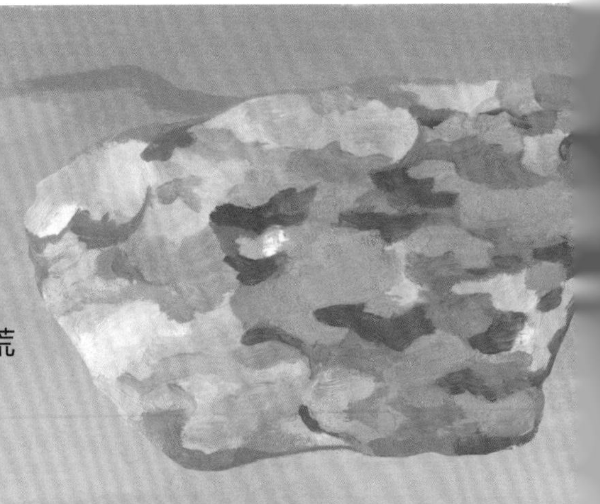

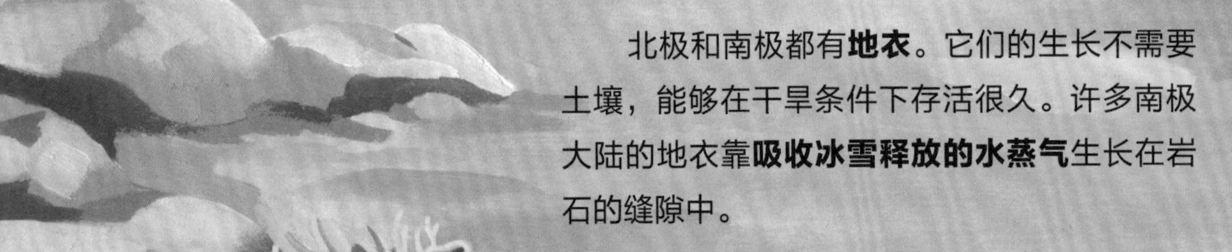

在冰冷的岩石上，在荒凉的苔原上，都可以“绽放”出五颜六色的地衣。

当极地的光照少之又少的时候，苔藓也能继续生长。当天气过于干燥或寒冷时，苔藓会进入**休眠状态**，几乎不再生长；而当夏季再度来临，冰雪消融时，苔藓会重新开始生长。加拿大的研究人员甚至还曾使一些被冰川掩埋了400年的苔藓恢复了生机！

苔藓生长速度缓慢，但生命能持续很久，被称为“植物界的海龟”。

北极罂粟

北极罂粟的**毛茎**主要有两个用途：一是留住植株附近的热量，二是保护植株免受寒风的侵袭。此外，它的杯状花朵可以将阳光聚积到花朵中央，以便更快地生长。它的花朵还可以跟随太阳转动，这样能最大限度地吸收阳光，增强光合作用。

春季过去，夏季到来，雪开始融化，土壤也开始解冻。

这是阿拉斯加北极国家野生动物保护区**活跃层土壤**“解冻一冻结”的循环过程。时间范围大致是从5月15日（最左边）到11月15日（最右边）。

植物长势良好，活跃层土壤大部分已经解冻。

极地植物面临着极端天气和凌厉寒风的威胁，为了在严酷的环境中生存下去，这些植物必须以自己独特的方式来适应环境。

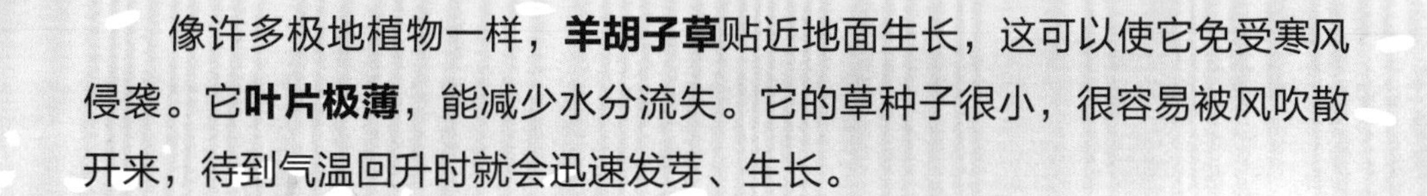

像许多极地植物一样，**羊胡子草**贴近地面生长，这可以使它免受寒风侵袭。它**叶片极薄**，能减少水分流失。它的草种子很小，很容易被风吹散开来，待到气温回升时就会迅速发芽、生长。

羊胡子草

和许多南北极植物一样，**垫状植物**的植株矮小密实，**紧贴着地面生长**。这些特点有助于它们在冰雪和寒风中生存下来。它们还能够截留住空气中的尘埃，从中汲取营养。

垫状植物

极地植物通常**根系很浅**，只在永久冻土层上方的活跃层土壤中生长。当夏日的阳光晒暖苔原的表面，最上层的土壤开始融化时，它们浅浅的根系就能生长了。

零余虎耳草

高山狐尾草

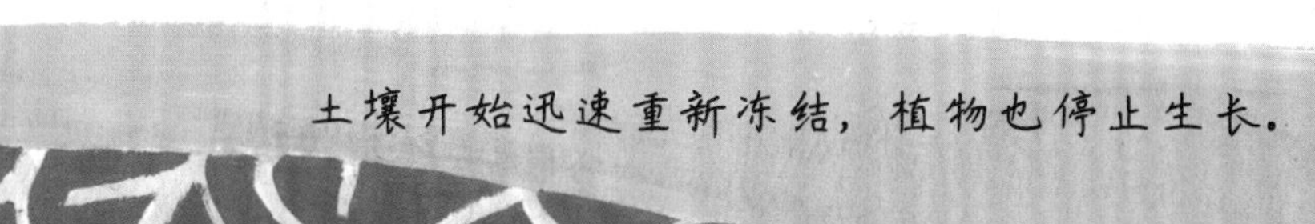

南极最顽强的植物

尽管南极地区没有一棵树，但在这冰天雪地中却有几百种苔藓、藻类和地衣。它们的种类极其丰富，而且各有特点。

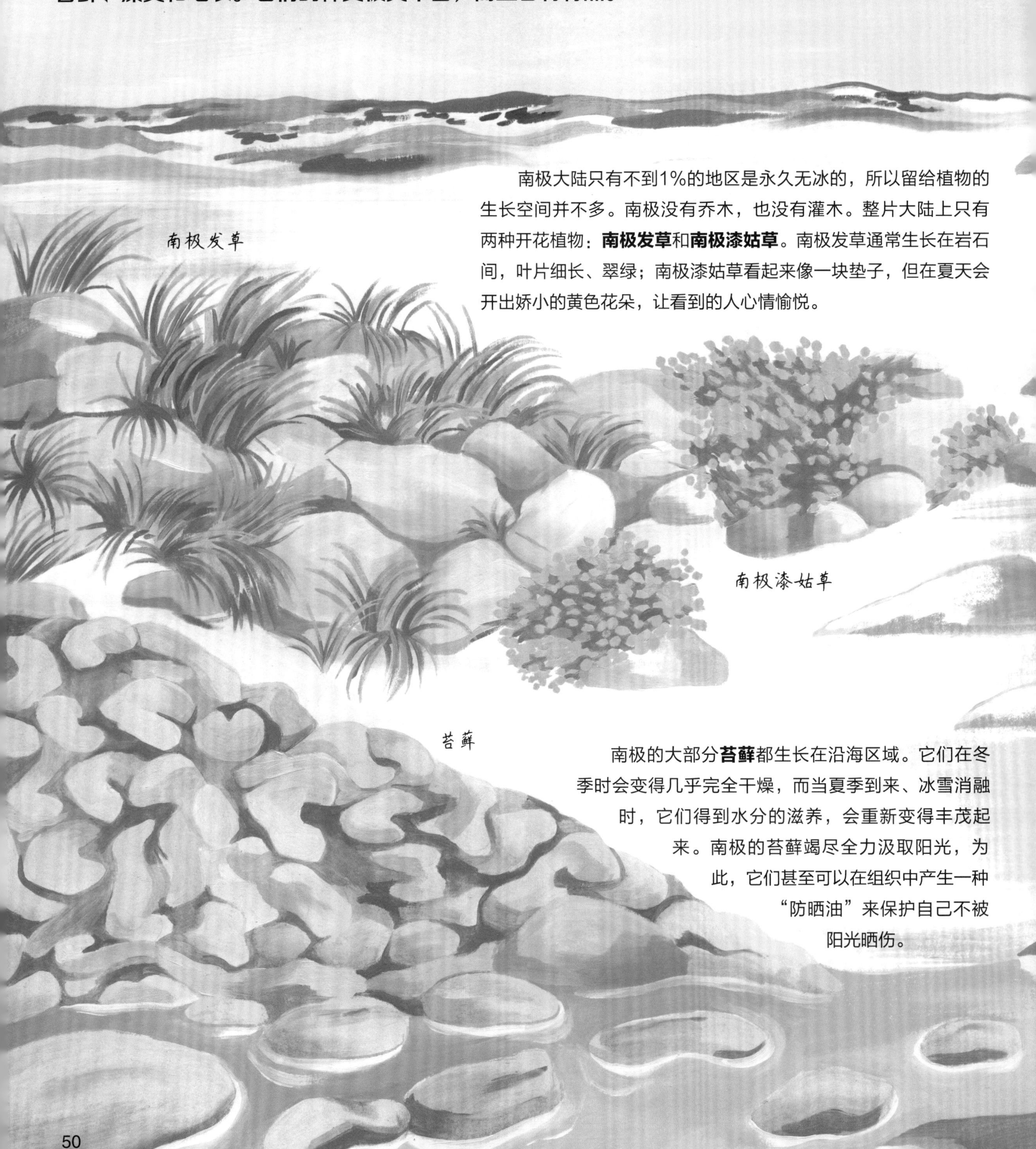

南极大陆只有不到1%的地区是永久无冰的，所以留给植物的生长空间并不多。南极没有乔木，也没有灌木。整片大陆上只有两种开花植物：**南极发草**和**南极漆姑草**。南极发草通常生长在岩石间，叶片细长、翠绿；南极漆姑草看起来像一块垫子，但在夏天会开出娇小的黄色花朵，让看到的人心情愉悦。

南极的大部分**苔藓**都生长在沿海区域。它们在冬季时会变得几乎完全干燥，而当夏季到来、冰雪消融时，它们得到水分的滋养，会重新变得丰茂起来。南极的苔藓竭尽全力汲取阳光，为此，它们甚至可以在组织中产生一种“防晒油”来保护自己不被阳光晒伤。

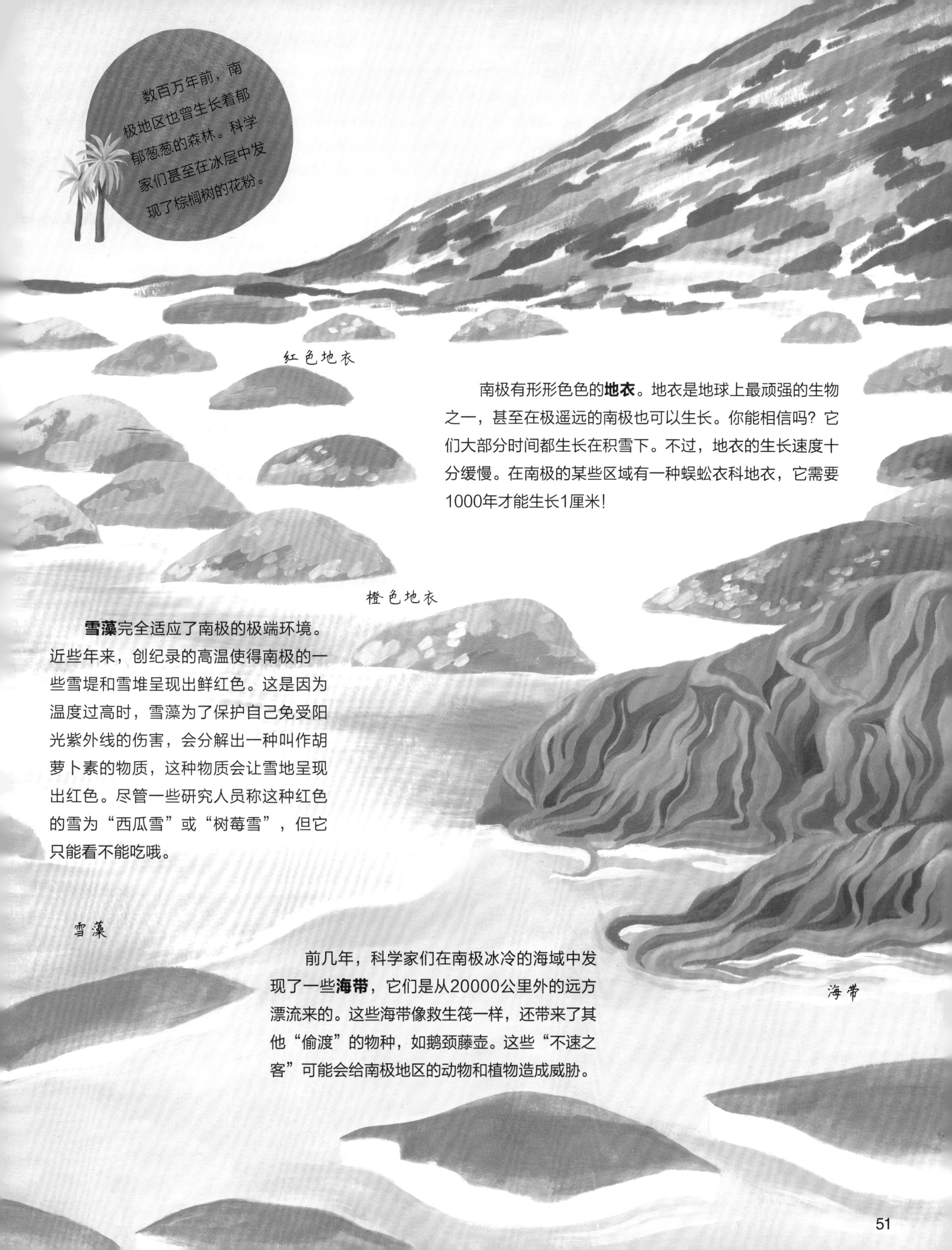

南极有形形色色的**地衣**。地衣是地球上最顽强的生物之一，甚至在极遥远的南极也可以生长。你能相信吗？它们大部分时间都生长在积雪下。不过，地衣的生长速度十分缓慢。在南极的某些区域有一种蜈蚣衣科地衣，它需要1000年才能生长1厘米！

雪藻完全适应了南极的极端环境。近些年来，创纪录的高温使得南极的一些雪堤和雪堆呈现出鲜红色。这是因为温度过高时，雪藻为了保护自己免受阳光紫外线的伤害，会分解出一种叫作胡萝卜素的物质，这种物质会让雪地呈现出红色。尽管一些研究人员称这种红色的雪为“西瓜雪”或“树莓雪”，但它只能看不能吃哦。

前几年，科学家们在南极冰冷的海域中发现了一些**海带**，它们是从20000公里外的远方漂流来的。这些海带像救生筏一样，还带来了其他“偷渡”的物种，如鹅颈藤壶。这些“不速之客”可能会给南极地区的动物和植物造成威胁。

北极的袖珍植物

广阔的北极生长着种类繁多的植物，有野草和苔藓，还有色彩艳丽的地衣和浆果。

泥炭藓（也称泥炭苔）通常生长在北极。尽管它们的叶子都很小，但当它们聚在一起时，就会形成厚厚的、结实的植被层。格陵兰岛的因纽特人在熬粥时会加入泥炭藓，还把它们用作药物。科学家林奈在拉普兰德（位于芬兰北部的一个地区）旅行时，曾用泥炭藓做成睡觉用的床垫和毯子！

北极的**地衣**有些生长在岩石上，有些以类似垫子的结构生长在地面上。地衣的叶子有的皱巴巴的，有的蜷曲并带有斑点，有的看起来像杯子（**精灵杯地衣**），甚至还有的像手指（**北极手指地衣**）。地衣有绿色的、橙色的，还有黑色的。北美驯鹿通常以地衣为食，尤其是在冬天的时候。

北极的植物中还包括**北极柳**这样的**灌木**和看上去像莎草的**羊胡子草**。**虎耳草**通常生长在雪堆旁边，它们紫色的星形花朵为北极增添了一抹亮色。此外，花色美丽的植物还有**银莲花**和**北极条果芥**。

北极各地的人们都会在夏天时采摘**浆果**。**乌鸦莓**看起来像蓝莓，涅涅茨人和因纽特人把它们当作食物，也用作药材。鲜红色的**熊莓**虽说可以食用，但没什么味道，口感也比较粗糙。其他常见的浆果还有**越橘**、**云莓**和**蔓越莓**。云莓的维生素C含量是橙子的4倍，被称为“北极黄金”。

多么奇妙的旅程！

你刚刚完成了自己的第一次极地探险，看到了连绵的山脉、喷发的火山和千姿百态的冰雪！各种各样的陆地和海洋动物从你眼前经过，令你惊叹。你考察了北极熊和企鹅的原生栖息地，观察到因纽特的猎人分割海象当作晚餐，也曾与萨米的驯鹿牧人和科学家们一道驾驶雪地摩托驰骋在野外。你见过午夜的阳光，也感受过极夜里的无尽黑暗。

在对北极和南极有了更多了解之后，我们也应该承担起相应的责任，那就是为未来的一代又一代人保护好极地独特的环境。有朝一日，当你重返极地，你可能会在缤纷绚丽的北极光下聆听土著人讲故事，也可能会发现前人未曾发现的新奇物种，甚至还可能会带领一支自己的探险队抵达极点！谁知道呢？

词语解释

冰川： 沿着山谷或山坡缓慢移动的，或者由陆地表面向外扩散的巨大冰体。

冰盖： 覆盖面积超过5万平方公里的冰川。

冰架： 漂浮在海面上的冰体，但有一端仍与陆地的冰川或海岸相连。

冰山： 从冰川上分离出来的大块冰体，漂浮在海面上。

产卵： 释放卵子或生蛋。

地衣： 一类生长缓慢的低等植物，常在岩石或树干上呈壳状、枝状或叶片状生长。

地质学： 一门研究地球构造和地表以下物质的科学。

浮冰： 漂浮在海面上的较小的冰块。

浮冰群： 较为密集的一块块浮冰。

浮游生物： 在海水、淡水中漂浮或仅有微弱游动能力的体型微小的生物。

光合作用： 植物和其他有机体利用阳光来制造氧气和糖的过程。

海带： 一种褐色的藻类。

节肢动物： 一类无脊椎动物（如昆虫和甲壳类动物），有由甲壳质构成的外壳。

侵蚀： 自然物体不断被风力或水力消耗、破坏的过程。

苔原： 严寒地区一种由苔藓、地衣、多年生草类和耐寒小灌木组成的植被带。

探险： 出于探索或科学研究等目的前往没有人去过或少有人去的地方。

土著人： 又称原住民，指较早定居在某个特定地区的族群。

湍流： 水流或气流的不稳定运动。

无脊椎动物： 没有脊骨的动物。

物种： 个体与个体之间可以结合产生后代且后代可以继续繁殖的生物类别。

休眠期： 生物体减少或暂时中止生命活动的一段时期。

叶绿素： 植物体中的一种绿色物质，是植物进行光合作用时必不可少的。

永久冻土层： 地表下持续多年冻结的土层，主要分布在南北极地区。

艾丽西亚·克莱佩斯的创作生涯从她在国家地理学会工作时开始，她创作了100多本儿童读物。她在自然、科学、历史、地理和社会学领域均有一定的造诣。

格雷丝·赫尔默创作的插图内容丰富，情景优美。从坎伯韦尔艺术学院毕业以来，她曾与苹果、谷歌、《华盛顿邮报》和《时尚》杂志等众多客户有过合作。

社图号23043

Original Title: Penguins and Polar Bears
A Pretty Cool Introduction to the Arctic and Antarctic
Illustrated by Grace Helmer
Written by Alicia Klepeis
Original edition conceived, edited and designed by gestalten
Edited by Maria-Elisabeth Niebius and Robert Klanten
Design and Layout by Ilona Samcewicz-Parham
Published by Little Gestalten, Berlin 2020

Simplified Chinese edition arranged by Inbooker Cultural Development (Beijing) Co., Ltd.

北京市版权局著作权合同登记图字：01-2023-1322 号

图书在版编目（CIP）数据

企鹅和北极熊：前往北极和南极的超酷旅行 /（美）艾丽西亚・克莱佩斯（Alicia Klepeis）著；（英）格雷丝・赫尔默（Grace Helmer）绘；于德伟译. -- 北京：北京语言大学出版社，2023.6
ISBN 978-7-5619-6267-1

Ⅰ. ①企… Ⅱ. ①艾… ②格… ③于… Ⅲ. ①企鹅目—少儿读物②熊科—少儿读物 Ⅳ. ①Q959.7-49 ②Q959.838-49

中国国家版本馆CIP数据核字（2023）第089251号

企鹅和北极熊：前往北极和南极的超酷旅行
QI'E HE BEIJIXIONG：QIANWANG BEIJI HE NANJI DE CHAO KU LÜXING

项目策划：阅思客文化　责任编辑：周 鹂　刘晓真　责任印制：周 燚

出版发行：北京语言大学出版社
社　　址：北京市海淀区学院路15号，100083
网　　址：www.blcup.com
电子信箱：service@blcup.com
电　　话：编 辑 部　8610-82303670
　　　　　国内发行　8610-82303650/3591/3648
　　　　　海外发行　8610-82303365/3080/3668
　　　　　北语书店　8610-82303653
　　　　　网购咨询　8610-82303908
印　　刷：北京中科印刷有限公司

版　　次：2023年6月第1版　　印　　次：2023年6月第1次印刷
开　　本：787毫米 × 1092毫米　1/8　　印　　张：8
字　　数：78千字　　定　　价：98.00元

PRINTED IN CHINA
凡有印装质量问题，本社负责调换。售后 QQ 号 1367565611，电话 010-82303590